FORSCHUNGSBERICHTE DES LANDES NORDRHEIN-WESTFALEN

Nr. 1349

Herausgegeben
im Auftrage des Ministerpräsidenten Dr. Franz Meyers
von Staatssekretär Professor Dr. h. c. Dr. E. h. Leo Brandt

DK 621.791.92

Dr.-Ing. Tin Ming Wu

*Forschungsstelle Gesenkschmieden
an der Technischen Hochschule Hannover*

Untersuchungen über das Auftragsschweißen von Gesenken für Schmiedestücke aus Stahl

WESTDEUTSCHER VERLAG · KÖLN UND OPLADEN 1964

ISBN 978-3-663-06512-8　　　ISBN 978-3-663-07425-0 (eBook)
DOI 10.1007/978-3-663-07425-0

Verlags-Nr. 011349

© 1964 by Westdeutscher Verlag, Köln und Opladen

Gesamtherstellung: Westdeutscher Verlag

Inhalt

0. Einführung 7

1. Der gegenwärtige Stand des Auftragsschweißens von Abgratschnitten und Gesenken 10
   1.1 Anwendungsmöglichkeiten der Auftragsschweißung 10
   1.2 Heutige Anwendung der Auftragsschweißung an Abgratschnitten .. 10
   1.3 Heutige Anwendung der Auftragsschweißung an Gesenken 11
   1.4 Bisherige Untersuchungen über das Auftragsschweißen von Gesenkschmiede-Werkzeugen 11

2. Über die Eigenschaften einiger Werkstoffe für Auftragsschweißungen an Gesenken 13
   2.1 Erforderliche Eigenschaften von Auftragswerkstoffen für Gesenke.. 13
   2.2 Auswahl von Auftragswerkstoffen für die Untersuchung 14
   2.3 Das Gefüge der untersuchten Werkstoffe 16
   2.4 Mechanische und technologische Eigenschaften der untersuchten Werkstoffe 21

3. Über die Eigenschaften der aufgeschweißten Schicht 28
   3.1 Zur Versuchsdurchführung 28
   3.2 Die Oberflächenbeschaffenheit 29
   3.3 Schweißspannungen 31
   3.4 Der Härteverlauf 33
   3.5 Die Einbrandtiefe 34
   3.6 Die Haftfestigkeit 34

4. Das Verschleißverhalten der untersuchten Auftragslegierungen 37

5. Schweißbedingungen beim Auftragsschweißen von Gesenken 41

6. Zusammenfassung 44

Literaturverzeichnis 45

0. Einführung

Neben den Gewaltbrüchen, die durch falsche Werkstoffwahl, Werkstoff-Fehler, Fehler in der Wärmebehandlung oder fehlerhafte Gestaltung der Gesenke hervorgerufen werden, gibt es drei weitere Ursachen für das Unbrauchbarwerden von Gesenken: Kerbrisse, Verformung der Gravur und Verschleiß der Gravur.

Kerbrisse gehen von scharfen Ecken und Kanten besonders in tiefen Gravuren aus. Sie werden durch die wiederholten Last- und Temperaturwechsel hervorgerufen und können schon nach verhältnismäßig geringen Stückzahlen an ungünstig gestalteten Stellen, auf deren Form der Schmiedefachmann meist keinen Einfluß hat, entstehen.

Verformungen der Gravur – meist örtlich begrenzt – sind eine Folge von mechanischen Beanspruchungen, die über die Fließgrenze des Werkzeugstoffes hinausgehen.

Der Verschleiß besteht im Lostrennen kleiner Teile aus der Oberflächenschicht infolge mechanischer Ursachen. Es wird durch die Gleitreibung des Werkstoffs auf der Werkzeugoberfläche hervorgerufen. Harte, nichtmetallische Teilchen, wie Zunderstückchen, die teils am Werkzeug selbst entstehen, teils mit dem Werkstück ins Gesenk gelangen, verstärken den Abrieb der Gravuroberfläche. Es handelt sich hierbei überwiegend um Eisenoxyd und Eisenoxyduloxyd; ersteres hat eine sehr große Härte und wird auch als Poliermittel verwendet (Tab. 1). Ansatzpunkte des Verschleißes sind die Mikrorisse, die als Folge der ständig wiederholten Temperaturwechsel und der damit verbundenen Ausdehnung und Zusammenziehung der Oberfläche entstehen. Auch die Korngrenzenkorrosion trägt dazu bei, das Gefüge aufzulockern und die Abtragung der Oberfläche zu erleichtern.

BURWELL unterscheidet folgende Grundtypen des Verschleißes [2]:

a) *Abrasiver oder Gleitverschleiß*: Durch kratzende, schabende oder schneidende Wirkung einer rauhen Oberfläche oder eines Zwischenstoffes werden Teilchen der Gegenfläche abgetrennt.

b) *Adhäsiver Verschleiß*: Primär entsteht eine dünne Schicht des weicheren Werkstoffs auf dem härteren. In der zweiten Phase werden die Brücken zwischen den Lagen aus gleichem Werkstoff abgeschert.

c) *Oberflächenermüdung*: Im Untergrund treten unter dem Einfluß periodischer Druckschwankungen nicht umkehrbare Veränderungen, Rißbildung und schließlich Abblättern oder Grübchenbildung der Oberfläche auf.

d) *Korrosiver Verschleiß*: Die Oberfläche wird chemisch oder elektrochemisch angegriffen; sie wird anschließend mechanisch zerstört.

Tab. 1 Mikrohärte von Gefügebildnern des Stahls, Zunderbestandteilen und Karbiden
(nach Mott [1])

Stoff	Härtezahl [kg/mm^2]	Prüfkraft [p]
Ferrit	205	30
Perlit	300–395	35
Bainit	485	30
Martensit	865	35
Austenit	340–450	
Zementit	820	35
Magneteisenstein (Fe$_3$O$_4$)	690	50
Roteisenstein (Fe$_2$O$_3$)	1100	50
Chromkarbid (Cr$_3$C$_2$)	1300	50
Molybdänkarbid (Mo$_2$C)	1500	50
Wolframkarbid (WC)	2400	50
Wolframkarbid (WC$_2$)	3000	50
Borkarbid (BC)	3700	
Chromborid (CrB$_2$)	1800	50

Wie bereits dargelegt, müssen wir in Schmiedegesenken mit einer Kombination aller vier Verschleißtypen rechnen.

Man kann diesen Schäden auf zweierlei Weise begegnen, entweder man setzt die Beanspruchung herab, oder man erhöht die Widerstandsfähigkeit des Werkstoffs.

Im Hinblick auf die Kerbrisse bleibt nur der zweite Weg, wenn es nicht gelingt, in Zusammenarbeit mit dem Konstrukteur günstigere Werkstückformen zu entwickeln. Man kann nur versuchen, einen Werkstoff mit größerer Wärmewechselfestigkeit zu verwenden.

Verformungen kann man zu vermeiden suchen, indem man die Beanspruchung herabsetzt, etwa durch die Wahl eines dickeren Grates, besserer Zwischenformen oder einer höheren Umformtemperatur, wobei jedoch zu bedenken ist, daß die höhere Temperatur nicht nur den Umformwiderstand des Werkstücks, sondern auch die Festigkeit des Gesenkes verringert, oder indem man einen Werkstoff mit größerer Warmfestigkeit verwendet.

Für den Verschleiß bedeutet geringere Beanspruchung neben geringeren mechanischen Beanspruchungen vor allem kleinere Temperaturunterschiede beim Schmieden, z. B. durch Anwärmen der Werkzeuge, Vermeidung schmirgelnder Teilchen durch zunderfreies Wärmen und verkleinerte Reibung durch Schmieren. Vom Werkstoff her sind die Abriebfestigkeit, die Wärmewechselfestigkeit und die Korrosionsbeständigkeit zu erhöhen.

Die geforderten Werkstoffeigenschaften lassen sich nur mit hochlegierten Stählen oder Hartmetallen erreichen. Da diese Stoffe teuer sind, beschränkt man sich darauf, Einsätze für die gefährdeten Stellen zu benutzen. So wurde jüngst über die erfolgreiche Anwendung von Hartmetalleinsätzen berichtet [3].

Eine weitere Möglichkeit, hochfeste Werkstoffe an gefährdeten Stellen aufzubringen, bietet die Auftragsschweißung. Hierbei wird eine verhältnismäßig dicke Schicht an einzelnen Stellen oder auch auf die ganze Gravur aufgebracht, die anschließend noch fertig bearbeitet werden muß. Vergleichsweise bedarf es beim Hartverchromen, wo eine dünne, gleichmäßige Schicht aufgetragen wird, keiner Nacharbeit. Das letztere Verfahren eignet sich vornehmlich zum Schutz flacher Gravuren, wogegen es die Entstehung von Rissen in den Ecken und an Kanten nicht verhindert.

Dem Auftragsschweißen sehr nahe verwandt ist das Spritzschweißen. Hierbei wird das geschmolzene Metall aufgespritzt. Nach dem Erstarren wird die aufgebrachte Schicht noch einmal mit einer Flamme erwärmt, damit eine gewisse Diffusion erreicht wird. Die Schichtdicke beträgt 1–2 mm, sie unterscheidet sich metallographisch kaum von einer aufgeschweißten Schicht. Nur feine Poren lassen sich noch nicht völlig vermeiden. Auch bereiten Kanten und Ecken sowie verwickelte Gravuren Schwierigkeiten.

In diesem Bericht wird die *Auftragsschweißung* näher betrachtet.

1. Der gegenwärtige Stand des Auftragsschweißens von Abgratschnitten und Gesenken

1.1 Anwendungsmöglichkeiten der Auftragsschweißung

Durch Auftragsschweißen kann man Gesenke und Abgratschnitte entweder im neuen Zustand mit einer Schicht aus hochwertigem Werkstoff schützen oder sich auf ihre Ausbesserung beschränken, nachdem sie unbrauchbar geworden sind. In beiden Fällen kann man entweder die ganze Wirkfläche des Werkzeugs mit einer Schicht überziehen oder nur die besonders gefährdeten bzw. beschädigten Stellen. Bei der Reparaturschweißung ist noch zu unterscheiden, ob es sich um die Ausbesserung abgetragener Stellen durch eine Auftragsschweißung im eigentlichen Sinne handelt oder um das Ausfüllen ausgefräster Rißstellen durch eine Füllschweißung.

1.2 Heutige Anwendung der Auftragsschweißung an Abgratschnitten

Schneidplatten zum Warm- und Kaltabgraten werden heute in vielen Betrieben im Neuzustand gepanzert. Über die Wirtschaftlichkeit dieses Verfahrens bestehen keine Zweifel mehr. Das Auftragsschweißen von Abgratwerkzeugen ist aus zwei Gründen mit wirtschaftlichen Vorteilen verbunden:

1. Die Schneidplatte kann aus unlegiertem oder schwach legiertem Stahl bestehen. Für große Schneidplatten zum Warmabgraten eignen sich die Stähle St 37, St 42 und C 22, für kleinere Schneidplatten die Stähle C 35, C 45 und C 60. Diese Werkstoffe lassen sich ohne Schwierigkeiten schweißen. Der Kostenunterschied im Vergleich zu einer Platte aus Werkzeugstahl wiegt die Kosten des Aufschweißens mindestens auf. Vielfach sind die Herstellkosten geringer.
2. Gepanzerte Abgratwerkzeuge haben größere Standmengen als ungepanzerte. Ein Warmabgratschnitt, der mit Hastelloy CA gepanzert wurde, hatte eine Standmenge von 12000 bis 15000 Stück bis zum Nachschleifen, während die entsprechende Schneidplatte aus Werkzeugstahl nach 7000–8000 Stück nachgearbeitet werden mußte [4]. Ein Kaltabgratschnitt – mit dem Werkstoff Haynes 5261 gepanzert – hatte eine Standmenge von 5000 Stück bis zum Nachschleifen gegenüber 1000 Stück bei einem Werkzeug aus Kaltarbeitsstahl. Letzteres war nach dreimaligem Nachschleifen unbrauchbar, so daß nur insgesamt 4000 Werkstücke mit ihm abgegratet werden konnten [5]. Nach Angaben der Herstellerfirma hatten Warmabgratschnitte, die mit Hastelloy CA gepanzert worden waren, eine Standmenge von 50 000 Stück. Kaltabgratschnitte, mit Hayes Stellit Nr. 6 gepanzert, sollen Standmengen von 100 000 Stück erreicht haben [6].

1.3 Heutige Anwendung der Auftragsschweißung an Gesenken

Die Beanspruchung eines Gesenkes ist von der eines Abgratschnittes so verschieden, daß sich diese Erfahrungen nicht übertragen lassen. Schneidplatten und Lochstempel werden an der Schneidkante auf Druck und auf Gleitverschleiß beansprucht, da das Werkstück ein wenig an den Stirnflächen, sehr stark an den Mantelflächen an ihr vorbeigleitet. Beim Kaltabgraten wird die Wirkfläche des Werkzeugs nicht nennenswert erwärmt, beim Warmabgraten können wir mit Temperaturspitzen von 450 bis 550°C an der Schneidkante rechnen, wenn die Werkstücke 700–900°C warm sind. Darüber hinaus wird die Fläche, auf der das Werkstück aufliegt, vor allem auf Druck beansprucht.

Gesenke werden zum Unterschied von Abgratschnitten durch größere Druckkräfte (bis zu etwa 100 kp/mm²), höhere Temperaturen (630–750°C, wenn die Ausgangsformen 1000–1200°C warm sind) und längere Gleitwege des Werkstoffs beansprucht. Daher wäre es problematisch, einen Grundwerkstoff mit geringer Festigkeit zu verwenden, wenn die Gravur im neuen Zustand ganz gepanzert würde. Aufgeschweißte Gesenke sind deshalb in der Regel teurer als nicht gepanzerte, denn der Auftragswerkstoff kostet mehr als üblicher Gesenkstahl, die Schicht muß aufgetragen und bearbeitet werden, was meist schwieriger ist als das Fräsen von Gesenkstahl. Das Auftragsschweißen von neuen Gesenken kann also nur dann wirtschaftlich sein, wenn diese Mehrkosten von einer entsprechend erhöhten Standmenge ausgeglichen werden. Über die Standmengen solcher Werkzeuge gibt es bisher nur vereinzelte Hinweise. So sollen Gesenke und Stempel, die vor der ersten Benutzung gepanzert wurden, drei- bis fünfmal größere Standmengen gehabt haben als ungepanzerte [6, 7]. Diese Erfolge werden jedoch noch nicht ständig erzielt. In Deutschland werden neue Gesenke bisher nur selten gepanzert.

Dagegen ist es in vielen Schmiedebetrieben üblich, verschlissene Gesenke auszubessern. Das kostet weniger als das Nachsetzen der Gravur oder ein neues Gesenk. Auch Kerbrisse werden durch Füllschweißen ausgebessert. Erste Versuche wurden bereits während des Krieges gemacht, in verstärktem Maße ist man seit etwa 1955 bemüht, auf diese Weise die Gesamtlebensdauer der Gesenke zu erhöhen. Gesenke, die dreimal ausgebessert wurden, hatten jeweils Standmengen, die das 0,6- bis 1,2fache der ungepanzerten neuen Gesenke betrugen. Eine Reparaturschweißung kostet in bestimmten Fällen etwa 25% der Neuanfertigung [4]. Die am häufigsten verwendeten Auftragswerkstoffe sind in Tab. 2 zusammengestellt.

1.4 Bisherige Untersuchungen über das Auftragsschweißen von Gesenkschmiede-Werkzeugen

Die allgemeinen Grundlagen für die Instandsetzung oder Neuanfertigung von Werkzeugen mit Hilfe des Auftragsschweißens sind bekannt [8–15]. Das spezielle Schrifttum über das Auftragsschweißen von Abgratschnitten und Gesenken ist

Tab. 2 Übliche Auftragswerkstoffe für Abgratschnitte und Gesenke

Anwendung	Firmenbezeichnung und Hersteller	Zusammensetzung (Richtanalyse)	Legierungsgruppe nach DIN 8555
Gesenke	Duranit C/E (Chromit)[1]	1,3 C, 11,5 Cr, 0,7 W, Basis Fe	6
	Zunit N 20[2]	0,15 C, 25 Cr, 20 Ni, Basis Fe	9
	Capilla 52[3]		
	Hastelloy CA[4]	0,1 C, 16 Cr, 17 Mo, 5,5 Fe, 54 Ni	23
	Thermanit Nimo CA[1]	0,1 C, 17 Cr, 17 Mo, 5,5 Fe, 60 Ni	23
Kaltabgratschnitte	Klöckner Dura MC 500[5]	2,9 Cr, 3 Mn, Basis Fe	2
	Klöckner Dura C 600[5]	9,5 Cr, 3 Si, Basis Fe	
	Haynes 5261[4]	0,65 C, 5,5 Cr, 1 Mn, 0,8 Si, 0,5 Mo, Basis Fe	6
	Akrit[1]	1,2 C, 27 Cr, 4,5 W, 3 Fe, 3 Ni, 60 Co	20
	Klöckner Thermadura Z 1[5]	2 C, 22 Cr, 4,5 W, 65 Co	20
Warmabgratschnitte	Zunit N 10[2]	0,15 C, 20 Cr, 12 Ni, Basis Fe	9
	Zunit N 20[2]	0,15 C, 25 Cr, 20 Ni, Basis Fe	9
	Klöckner Presta Co[5]	4,5 Cr, 12,5 W, 2,2 V, 3 Co, Basis Fe	4
	Hastelloy[4]	0,1 C, 7 Cr, 6 W, 16 Mo, 4 Fe, 65 Ni	23
	Thermanit Nimo CA[1]	0,1 C, 17 Cr, 17 Mo, 5,5 Fe, 60 Ni	23
	Akrit Co 40	1,2 C, 27 Cr, 4,5 W, 2 Fe, 1,5 Ni, 63 Co	20

[1] DEW.
[2] Robert Zapp.
[3] Capilla Schweißmaterial.
[4] Haynes Stellite Co
[5] Klöckner Drahtindustrie GmbH.

hingegen nicht sehr umfangreich. Über das Panzern von Preß- und Ziehwerkzeugen haben JÄGER und SCHRÖDL berichtet [16, 17], mit Abgratwerkzeugen haben sich KUNZ und JANSEN befaßt [18]. Das Auftragen artgleicher oder ähnlicher Werkstoffe auf Gesenke soll nach ZORKOCZY und ELFMARK größere Standmengen ergeben haben [19, 20]. In Firmenschriften werden Angaben über Erfolge beim Panzern mit artfremden Legierungen gemacht [6, 7, 21]. BLASKIN und EZSOV berichten über Einsparungen durch Auftragsschweißen neuer und abgenutzter Gesenke. Es soll möglich gewesen sein, als Grundwerkstoff der Gesenke niedrig legierte Stähle zu verwenden [22].

2. Über die Eigenschaften einiger Werkstoffe für Auftragsschweißungen an Gesenken

2.1 Erforderliche Eigenschaften von Auftragswerkstoffen für Gesenke

Die Zusammenhänge zwischen den Betriebseigenschaften von Gesenkwerkstoffen, d. h. ihrer Verschleißfestigkeit und ihrem Widerstand gegen Verformungen, und den Kennwerten der Werkstoffprüfung sind noch nicht soweit erforscht, daß man auf Grund einfach zu ermittelnder technologischer Kennwerte das Verschleißverhalten eines Gesenkwerkstoffs vorherbestimmen könnte. Gefordert werden in allgemeinen: Warmfestigkeit – vor allem Warmwechselfestigkeit –, Warmhärte, Korrosions- und Zunderbeständigkeit sowie eine genügende Alterungsbeständigkeit und das Fehlen von Umwandlungen im Bereich der Betriebstemperaturen.

Eine ausreichende Warmfestigkeit ist erforderlich, damit die Gravur nicht verformt wird. Aus diesem Grunde sollte das Grundmetall der Auftragslegierung einen hohen Schmelzpunkt haben. Durch Zufügen von Elementen, die feste Lösungen bilden, kann man den Formänderungswiderstand weiter vergrößern. Die Warmwechselfestigkeit muß genügend groß sein, damit die Gravur nicht infolge der mechanischen und thermischen Wechselbeanspruchung frühzeitig unbrauchbar wird. Eine gute Warmhärte wird im Hinblick auf den Verschleiß für erforderlich gehalten. Der Verschleißwiderstand ist zwar der Härte nicht proportional, ein Zusammenhang soll aber vorhanden sein. BERNHOLZ hat festgestellt, daß übereutektische Chrom-Hartlegierungen (20–40% Cr, 2–5 C) einen vier- bis fünfmal größeren Verschleißwiderstand haben als untereutektische [23]. Im übereutektischen Gefüge sind sehr harte mehrfache Eisenchromkarbide vorhanden, die als Hauptursache für den großen Verschleißwiderstand anzusehen sind, während die untereutektischen Legierungen große, weiche Mischkristalle aufweisen. Versuche von WELLINGER und UETZ führten zu entsprechenden Ergebnissen [24].

Außer den genannten Gebrauchseigenschaften soll der Auftragswerkstoff ein hinreichend günstiges Fertigungsverhalten besitzen, d. h. er muß sich gut schweißen lassen, wobei die Schmelztemperatur nicht zu hoch liegen soll, damit der Grundwerkstoff nicht geschädigt wird, und er soll sich nach dem Schweißen nicht allzu schwer bearbeiten lassen. Diese Forderungen lassen sich mit den erstgenannten meist nicht vereinbaren, denn der hohe Schmelzpunkt ist eine Voraussetzung für große Warmfestigkeit, und die Werkstoffe sollen zum anderen eine große Widerstandsfähigkeit gegen den schabenden und schneidenden Verschleiß beim Gesenkschmieden besitzen. Es läßt sich daher nicht vermeiden, daß sie auch gegen eine spanabhebende Bearbeitung überaus widerstandsfähig sind. Es ist aber damit zu rechnen, daß mit einer weiteren Verbesserung des funkenerosiven und elektrolytischen Abtragens die Möglichkeiten zur Bearbeitung sehr fester Werkstoffe wesentlich vergrößert werden.

2.2 Auswahl von Auftragswerkstoffen für die Untersuchung

Als Auftragswerkstoffe für Gesenke eignen sich vor allem eisenarme Legierungen auf Nickel- und Cobaltbasis, z. B. die Gruppen 20 (Co-Basis, Cr-W-legiert) oder 23 (Ni-Basis, Mo-legiert mit oder ohne Cr) des DIN-Entwurfs 8555 »Schweißzusatzwerkstoff für Auftragsschweißen«. Daneben gibt es noch eine große Zahl weiterer Legierungen, die vor allem in den USA entwickelt worden sind und nicht in die im DIN-Entwurf genannten Gruppen fallen (Tab. 3). Ihre Warmfestigkeit ist größer als die von Werkstoffen nach dem DIN-Entwurf. Sie sind zum Teil versuchsweise als Gesenkwerkstoff angewendet worden, jedoch noch nicht als Auftragswerkstoffe.

Die Eigenschaften einiger ausgewählter eisenarmer Legierungen wurden untersucht, um ihre Eignung als Auftragswerkstoff zu prüfen. Es handelte sich um folgende Legierungen:

1. Ni—Mo—Cr-Legierung   (Hastelloy C)[1]
2. Ni—Cr—B-Legierung   (Colmonoy Nr. 5)[2]
3. Co—Cr—W-Legierung   (Akrit[3] ähnlich Celsit[4] und Haynes Stellite Nr. 6[1])

Die Werkstoffe 2 und 3 wurden wegen ihrer guten Warmhärte ausgewählt, die Legierung 1 wegen ihres Verschleißwiderstandes, der in Werksschriften hervorgehoben worden war. Sie waren zum Teil bereits zum Aufschweißen an Gesenken verwendet. Die Legierung 2 ist zwar nach DIN 8555 nicht für Temperaturen über 500°C geeignet, wegen ihrer großen Warmhärte wurde sie jedoch in das Programm aufgenommen.

Die chemische Zusammensetzung ist in Tab. 4 angegeben. Als mögliche Karbidbildner waren in allen Fällen nur Elemente der Gruppe VI des periodischen Systems vorhanden. In der Legierung 1 war der Kohlenstoffgehalt offenbar deshalb gering, weil die Korrosionsbeständigkeit an den Korngrenzen nicht beeinträchtigt werden sollte. Als Grundmasse konnten in allen Fällen homogene nickel- bzw. kobaltreiche Mischkristalle erwartet werden, denn Nickel und Kobalt haben ein großes Lösungsvermögen für Chrom, Molybdän und Wolfram. Diese fast eisenfreie Grundmasse hat eine große Korrosionsbeständigkeit.

---

[1] Herst.: Union Carbide Corp., Deutsche Vertr.: Robert Zapp, Düsseldorf.
[2] Herst.: Wall Colmonoy Corp. Detroit, Deutsche Vertr.: Lurgi-Werkstätten-GmbH, Frankfurt a. M.
[3] Herst.: DEW, Krefeld.
[4] Herst.: Böhler & Co. AG, Düsseldorf-Oberkassel.

Tab. 3 Auswahl von warmfesten Werkstoffen nach Nichols [25]
$(+ = \sigma_B, ++ = \sigma_{0,1})$

	Cr	Ni	Co	Mo	Nb	Ti	Al	Fe	C	Mn	Si	Rest	$\sigma_{0,2}$ [kp/mm²] 820°C	930°C	980°C
Inconel 700	15	46	28	3		2	3	1	0,13	0,08	0,25		53	29,5	14
Inconel 713 C	12	74		4,5	2	0,6	6		0,13	0,15	0,4		80+	54 +	39 +
Nimonic 90	20	50	18			3	2	5	0,15	1	1		38++	19 ++	3 ++
Nimonic 100	11	58	20	5		1,5	5	2	0,3		0,5		49++	27 ++	8,5++
Hastelloy C	16,5	55		17				6	0,15	0,8	0,7	4,5 W	41+	26 +	21 +
Hastelloy R 235	15	66	2,5	5,5		2,5	2	10	0,2	1	1		67+	38 +	15,5+
Udimet 500	17	55	16	4		3	3	4	0,15	0,75	0,75		88+	50 +	32 +
Stellite Nr. 30	26	15	50	6				2	0,4	0,6	0,6		33	32 +	25 +
Stellite Nr. 36	18,5	10	54					2	0,4	1,2	0,5	14,5 W	56+	46 +	28 +
S 816	20	20	43	4	4			4	0,4	1,2	0,4	4 W	32	19	15,5
V 36	25	20	42	4	2			3	0,3	0,4	0,3	2 W	26	23	19
S 590	20,5	20	20	4	4			24	0,43	1,25	0,4	4 W	34	19	15
Refractaloy 26	18	37	20	3		2,8	0,2	18	0,05	0,7			56	23,5	16
Refractaloy 80	20	20	30	10				14	0,10	0,6	0,7	5 W	30		
MR—1	25	73	65	10								0,07 B	53	56 +	39 +
HD 8294	15			5			6,7		0,02			0,12 Zr			
HE 1049	26	10	43	4				3	0,4			15 W	58+	59 +	42 +
												0,4 B			
S—816 + B	20	20	42	4	4			3	0,4			4 W	34	24	23 +
												1 B			
Mod S 816 + B	25	5	50	4	4			2	0,4			4 W	45 +	34 +	

Tab. 4 Chemische Zusammensetzung der untersuchten Auftragslegierungen

Legierung	Elemente der Gruppe VIII im periodischen System						Elemente der Gruppe VI im periodischen System			
	Co	Ni	Fe	gesamt	C	B	Cr	Mo	W	gesamt
1 (Hastelloy C)	2,5	54	5,5	62	0,10		16	17	4	37
2 (Colmonoy Nr. 5)	1,25	75	4	80	0,65	3,2	13	–	–	13
3 (Akrit)	60	3	3	66	1,2		27	1	4,5	32,5

2.3 Das Gefüge der untersuchten Werkstoffe

Das Mikrogefüge der gegossenen (bei der Legierung 1 auch der gezogenen) Schweißstäbe und der aufgetragenen Schichten wurde bestimmt. Als Ätzmittel wurde kochendes Königswasser oder warme konzentrierte Salzsäure mit geringen Zusätzen von Flußsäure (etwa 14:1) verwendet. Die letztere Lösung war etwas wirksamer als die erste. Am besten bewährte sich jedoch das elektrolytische Ätzen mit 5-10%iger Salzsäure als Elektrolyt bei einer Spannung von 3 V.
Die Gefüge der gegossenen und gezogenen Elektroden der Legierung 1 sind sehr unterschiedlich (Abb. 1). Die gezogene Elektrode hat ein zeilenförmiges Gefüge mit vereinzelten feinen Sonderkarbidkörnern.
Die Gefüge der aufgeschweißten Schichten unterscheiden sich dagegen nur wenig voneinander (Abb. 2). Wegen des geringen Kohlenstoffgehaltes konnten keine Primärkarbide gefunden werden. Das Eutektikum ist nahezu netzförmig in der Grundmasse aus nickelreichen homogenen Mischkristallen verteilt. Beide Phasen haben nur geringe Härte.
In Abb. 3 ist das Gefüge der Legierung 2 dargestellt. Das Gefüge des Schweißstabes besteht aus nickelreichen Mischkristallen und einem Eutektikum aus Mischkristallen und Chromkarbiden oder -boriden. Nach dem Schweißen ist das Gefüge gröber geworden. Es sind jetzt auch langgestreckte, gezackte Primärkristalle vorhanden, die eine Härte von 1800 kp/mm² bei 0,1 kp Belastung aufweisen. Diese Werte sind größer als die von Chromkarbid und niedriger als die von Borkarbid. Es handelt sich wahrscheinlich um ein Metallborid (Chromborid) oder ein mehrfaches Cr-Ni-Borid.
Der gegossene Schweißstab der Legierung 3 hat ein zweiphasiges untereutektisches Gefüge (Abb. 4). Nach dem Schweißen ist das Gefüge gröber geworden. Es ähnelt dem der Legierung 1 (Abb. 2). Beide Stoffe stehen einander auch in der chemischen Zusammensetzung nahe: Sie enthalten 33 bzw. 37% Elemente der Gruppe VI und 66 bzw. 62% Elemente der Gruppe VIII des periodischen

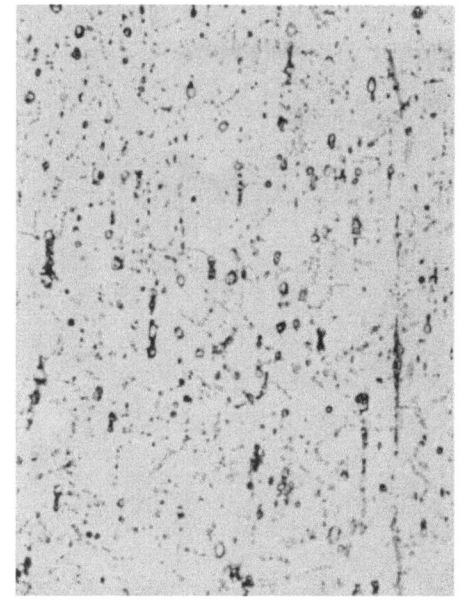

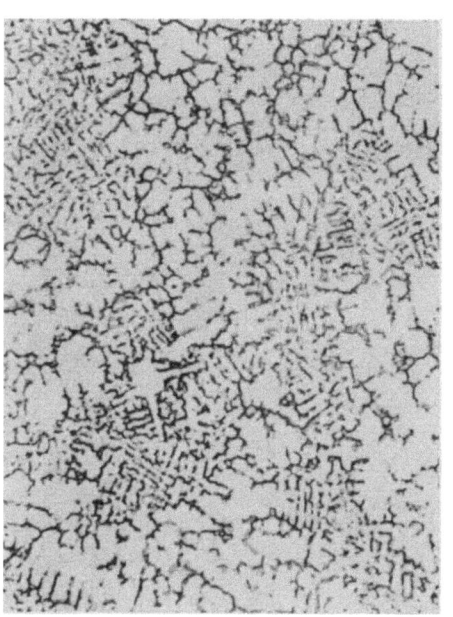

Abb. 1 Gefüge der Schweißdrähte der Legierung 1 (Hastelloy C), Längsschliffe elektrolytisch geätzt
a) gegossene, umhüllte Elektrode für Handlichtbogenschweißung, 500×
b) gezogene Elektrode für Gas- und Argonarcschweißung, 200×

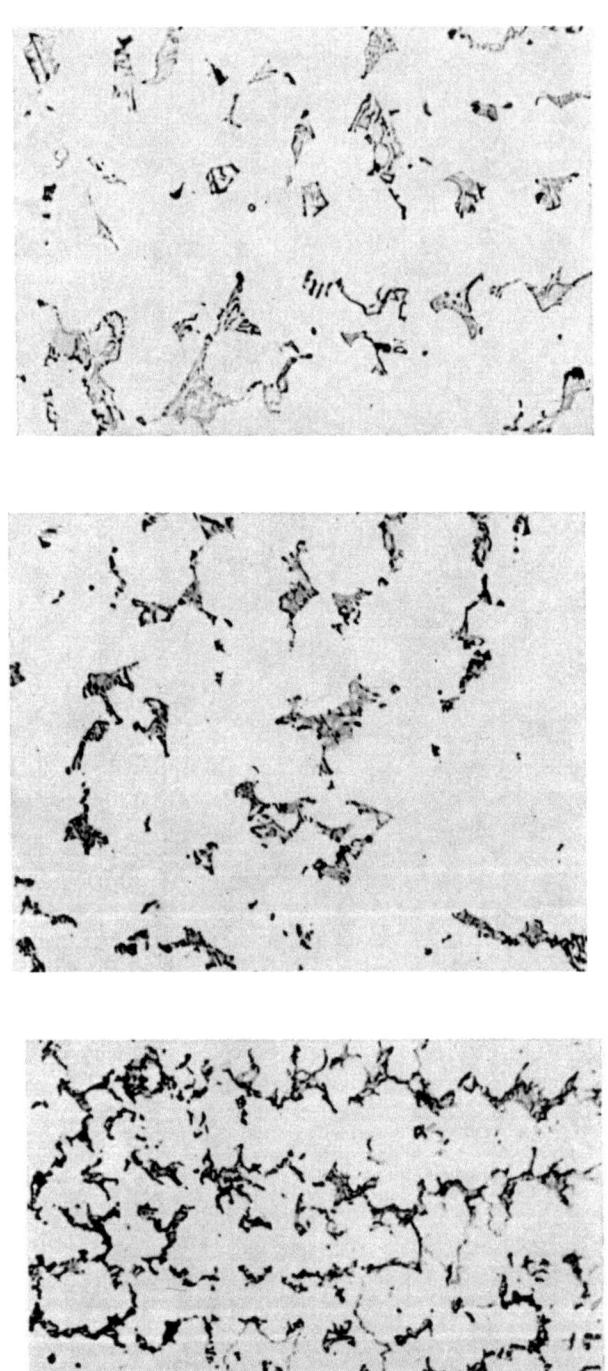

Abb. 2 Gefüge der Legierung 1 (Hastelloy C) nach dem Schweißen, 500× (warmgeätzt mit $HNO_3 + HF$)
a) Gasschweißung (Grundmasse: 200–230 HV, Eutektikum: 160–200 HV)
b) Argonarcschweißung (Grundmasse: 200–270 HV, Eutektikum: 280 HV)
c) Handlichtbogenschweißung

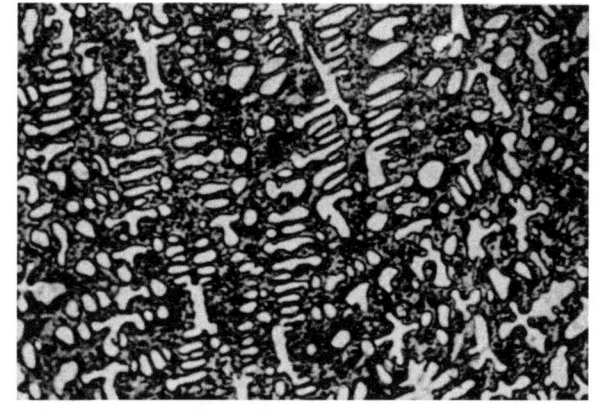
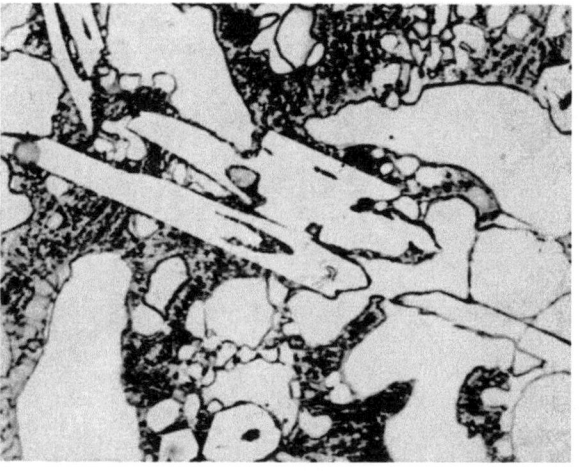
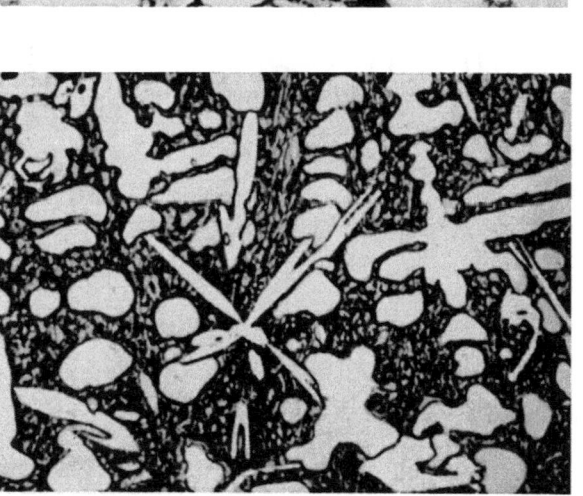

Abb. 3 Gefüge der Legierung 2 (Colmonoy Nr. 5, kochend geätzt mit Königswasser), 500 ×
a) gegossener Schweißstab
b) nach Gasschmelzschweißung (Grundmasse: 460 HV, Eutektikum: 630 HV, Primärkristalle: 1800 HV)
c) nach Argonarcschweißung

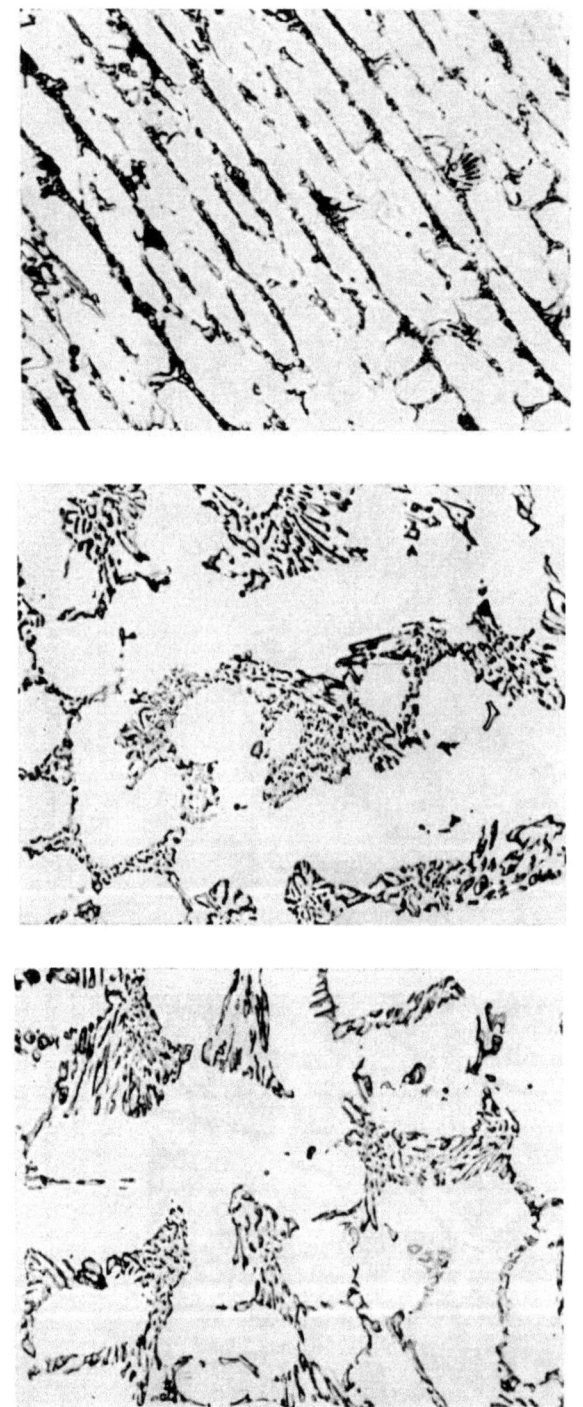

Abb. 4 Gefüge der Legierung 3 (Akrit, warmgeätzt mit $HNO_3 + HF$), 500×
a) gegossener Schweißstab
b) nach Gasschmelzschweißung (Grundmasse: 450–480 HV, Eutektikum: 500–530 HV)
c) nach Argonarcschweißung (Grundmasse: 460–520 HV, Eutektikum: 560–620 HV)

Systems. Nickel und Kobalt als die Basismetalle bilden beide keine Karbide und haben ein großes Lösungsvermögen für andere Metalle. Die kobaltreiche Grundmasse der Legierung 3 und das Eutektikum haben beide eine größere Härte als die entsprechenden Phasen der Legierung 1.

2.4 Mechanische und technologische Eigenschaften der untersuchten Werkstoffe

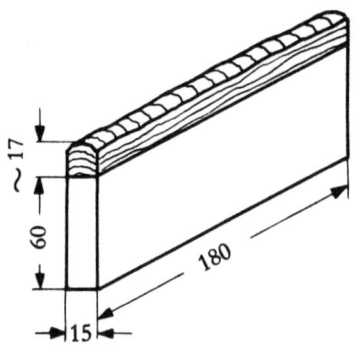

Abb. 5 Abmessungen der Schweißproben für die Untersuchungen an reinem Schweißgut

Die wichtigsten mechanischen Eigenschaften wurden an Proben aus reinem Schweißgut bestimmt, das auf hochkant stehendem Stahlblech aus St 37 in mehreren Lagen aufgetragen wurde (Abb. 5). Bis auf die Abmessungen des Bleches, die sich nach den vorgesehenen Prüfungen richteten, entsprach diese Probenform der vom International Institute of Welding für Lötwerkstoffe empfohlenen Probe sowie der in DIN 8554 beschriebenen Probe zur Prüfung von Schweißdraht.

Die Abmessungen der Proben für die mechanischen Prüfungen, die aus der aufgetragenen Schicht herausgearbeitet wurden, und die Versuchsdurchführung entsprachen soweit wie möglich den DIN-Vorschriften. Die Probenformen und -abmessungen sind in Tab. 5 angegeben.

Tab. 5   Probenart für die mechanischen Prüfungen

Prüfart	Probeform und Durchführung
Druckversuch	10 ⌀ × 20 mm
Zugversuch	Zugprobe A 8×40, DIN 50125 Durchführung nach DIN 50146
E-Modul-Ermittlung	Zugprobe C 6×30, DIN 50125 Verfahren mit mehrmaliger Entlastung nach DIN 50143
Härteprüfung	nach ROCKWELL (DIN 50103)
Kerbschlagbiegeversuch	ISA-Probe nach DIN 50115, Abb. 4

Die Ergebnisse der Untersuchungen bei Raumtemperatur sind in Tab. 6 zusammengestellt worden. Die Härte der Ni—Mo—Cr-Legierung wurde mit Rücksicht auf die Vergleichsmöglichkeit trotz der niedrigen Werte nach dem ROCKWELL-Verfahren bestimmt. Die Ergebnisse der Prüfung stimmen mit denen der Hersteller – soweit vorhanden – gut überein (Tab. 7).

Tab. 6 *Mechanische Eigenschaften der Auftragswerkstoffe bei Raumtemperatur*

Werkstoff	Schweißverfahren	Härte		HRc	Druckfestigkeit [kp/mm²]	Stauchung [%]	Zugfestigkeit [kp/mm²]	Bruchdehnung [%]	Elastizitätsmodul [kp/mm²]	Kerbschlagzähigkeit [mkp/cm²]	
		Grenzwerte	Mittelwert							Grenzwerte	Mittelwert
Ni–Mo–Cr-Legierung (Hastelloy C)	Autogen[1]	21–28	24,6		136,7	22,55				0,52–0,61	0,56
	Autogen	14–22	15,5				58,5	≈ 6	17 900		1,83
	Argonarc	15–20	18,0		222,0	41,80	53,6[2]			2,10–2,45	2,22
	Handlichtbogen	21–27	24,4		160,1	36,21				0,58–0,69	0,63
Ni–Cr–B-Legierung (Colmonoy Nr. 5)	Autogen	48–52	50,1		169,7	3,20	53,6	≈ 0,8		0,22–0,24	0,23
	Argonarc	48–54	50,5		191,5	3,41			21 800	0,22–0,26	0,23
Co–Cr–W-Legierung (Akrit)	Autogen	36–47	43,1		160,7	12,59			22 600	0,40–0,59	0,48
	Argonarc	39–44	40,7		171,4	11,95	82,0	1		0,40–0,46	0,44

[1] Aufkohlung.
[2] Kleine Gasblasen.

Nach dem Schweißen entspricht die aufgetragene Schicht den gegossenen Elektroden. Wie weit die Eigenschaften sich unter der Beanspruchung beim Schmieden denen der Knethalbzeuge annähern, muß dahingestellt bleiben.

Bei Raumtemperatur sind die drei untersuchten Werkstoffe sehr spröde. An den Zugproben war keine Einschnürung festzustellen. Auch bei den Kerbschlagproben war ein Verformungsbruch nicht festzustellen.

Tab. 7 *Zugfestigkeit und Bruchdehnung von Elektroden bei Raumtemperatur*
(nach Angaben der Haynes Stellite Co., der Wall Colmonoy Corp. und der Deloro Stellite Ltd.)

	Ni—Mo—Cr-Legierung		Co—Cr—W-Legierung	
	σ_{zB} [kp/mm²]	δ [%]	σ_{zB} [kp/mm²]	δ [%]
Gegossen	56–57	5–10	80–90	3–1
Knethalbzeug	85–91	50	140	5

Für die Eignung der Auftragswerkstoffe sind ihre Eigenschaften bei Temperaturen von 200 bis 600°C entscheidend. In Abb. 6 ist die Warmhärte der Legierungen dargestellt und in Abb. 7 ihre *Warmzugfestigkeit* in Abhängigkeit von der Temperatur. In dieser Abbildung ist auch die Warmzugfestigkeit des Gesenkstahles 2713 eingezeichnet. Dieser hat bis zur Anlaßtemperatur eine höhere Festigkeit als die Auftragswerkstoffe.

Bei eisenfreien Legierungen ist im Gegensatz zu Stählen grundsätzlich keine Abschreckhärtung möglich, sondern nur eine Alterungshärtung, die hohe Temperaturen ($\approx 800°C$) und längere Zeiträume (> 25 h) erfordert. Eine Ni—Mo—Cr-Legierung hatte bei Raumtemperatur im Gußzustand eine Zugfestigkeit von 57 kp/mm², nach fünfstündigem Glühen bei 800°C war sie unverändert, nach 25 Stunden auf 70 kp/mm² gestiegen, nach 100 Stunden auf 80 kp/mm² und nach 500 Stunden auf 86 kp/mm². Die Bruchdehnung nahm dabei von 10 auf fast 0% ab. Nach dem Auftragen auf Werkzeuge ist jedoch eine solche Wärmebehandlung unmöglich, denn die Anlaßtemperatur des Grundwerkstoffs liegt zwischen 400 und 550°C.

Eine Kennzahl für die *Temperaturwechselbeständigkeit* wurde nach KIEFFER und SCHWARZKOPF [28] aus physikalischen und mechanischen Stoffeigenschaften errechnet. Je größer diese Kennzahl, um so besser ist die Temperaturwechselbeständigkeit. Die für die Aufschweißlegierungen errechneten Werte haben etwa die gleiche Größe wie die von austenitischen rostfreien Stählen und Chromschichten, sind aber wesentlich kleiner als diejenigen von Kohlenstoffstählen (Tab. 8). Die Hauptursache dafür ist in der geringeren Wärmeleitfähigkeit zu sehen. Wegen der größeren Festigkeit sind die Kennwerte für Gesenkstähle noch günstiger als die der Kohlenstoffstähle. Wenn auch die Größen, die für die Berechnung benutzt wurden, von der Temperatur abhängen, so ist doch auch bei höheren Temperaturen nicht zu erwarten, daß sich die Auftragswerkstoffe in dieser Hinsicht günstiger verhalten als die Gesenkwerkstoffe.

Werte über die *Korrosionsbeständigkeit* der Auftragswerkstoffe sind in Tab. 9 wiedergegeben. Danach ist die Ni—Mo—Cr-Legierung gegen oxydierende und nichtoxydierende Korrosionsmittel beständig, während die anderen drei Werkstoffe – die rost- und säurebeständigen Stähle wurden zum Vergleich aufgeführt – vor allem einem oxydierenden Angriff gut widerstehen. Der Korrosionswiderstand von Gesenkstählen ist sehr viel niedriger, da er bei Eisenlegierungen erst erhöht wird, wenn sie mehr als 10% Chrom enthalten.

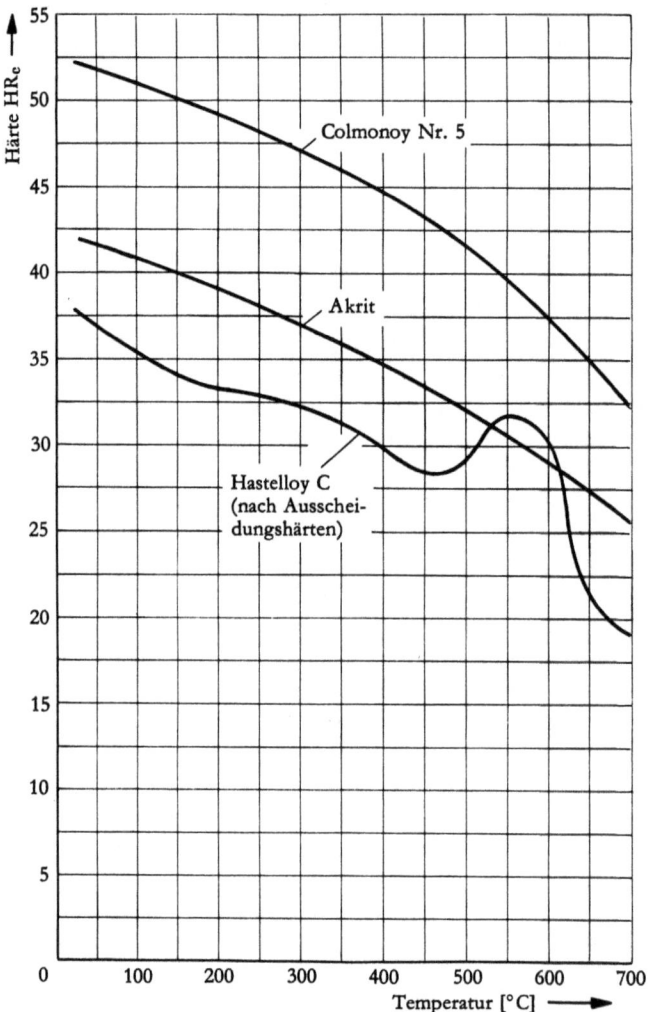

Abb. 6 Warmhärte von Auftragswerkstoffen

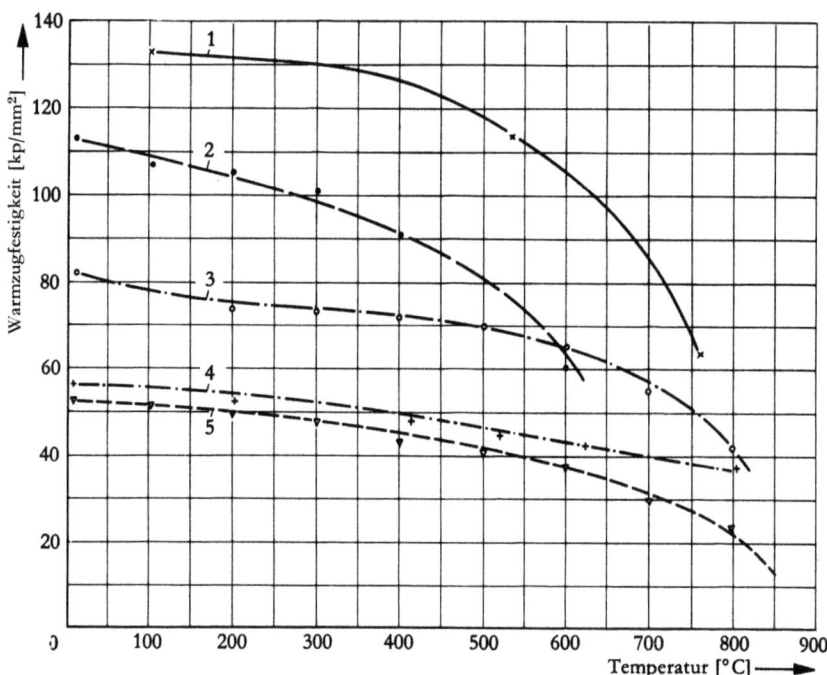

Abb. 7 Warmzugfestigkeit von Auftragswerkstoffen und Gesenkstahl
1 Inconel X (nach Levy [26]), 2 vergüteter Gesenkstahl 2713 (nach Stöter [27]), 3 Akrit, 4 Hastelloy C nach Lösungsglühen, 5 Colmonoy

Tab. 8 *Kennzahlen für die Temperaturwechselbeständigkeit:* $k = \dfrac{\lambda \sigma}{\beta \cdot E}$

(λ = Wärmeleitzahl, β = linearer Wärmeausdehnungskoeffizient, σ_{zB} = Zugfestigkeit, E = E-Modul)

Werkstoff	$\lambda \left[\dfrac{cal}{cm \cdot s \cdot °C}\right]$	$\beta \left[\dfrac{cm}{cm \cdot °C}\right] \cdot 10^{-6}$	σ_{zB} [kp/mm²]	E [kp/mm²]	K
Ni—Mo—Cr-Legierung (Hastelloy C)	0,02	11,3	58	17 900	6,05
Ni—Cr—B-Legierung (Colmonoy 5)	0,04	15,0	54	21 800	6,60
Co—Cr—W-Legierung (Akrit)	0,035	13,8	82	22 600	9,25
Chromschicht	0,065	8,0	15	15 000	8,14
Austenitischer Cr—Ni-Stahl	0,03 0,04	16–17	70	20 000	7,41
Unlegierter Kohlenstoffstahl	0,09 0,14	11–13	50	21 000	22,81

Tab. 9 Korosionsbeständigkeit von Auftragswerkstoffen und korrosionsbeständigen Stählen

Angriffs-mittel	Korrosionsbeständigkeit [mg/dm² · Tag]			
	Ni—Mo—Cr-Legierung[1]	Co—Cr—W-Legierung[2]	Rost- und säurebeständige Stähle	
			18 Cr, 8 Ni, 3 Mo[2]	18 Cr, 8 Ni[3]
Salpetersäure 5%	–	0,60	3,30	bis 24,0 (7,5%)
10%	0,62	–	–	–
20%	1,24	1,30	1,90	bis 24,0 (33%)
50%	6,22	3,50	2,20	–
70%	6,22	–	–	bis 24,0 (67%)
Salzsäure 2%	5,60	4,06	184	2400 (4%)
10%	12,44	965	324	–
20%	12,44	1000	319	–
37%	6,22	1000	–	2400

Nach Union Carbide Corp.
Nach GRAINGER, S. [29].
Nach RAPATZ, P. [30].

3. Über die Eigenschaften der aufgeschweißten Schicht

Das Schweißen ist ein metallurgischer Prozeß. Daraus folgen metallurgische Einflüsse für die aufgetragene Schicht:

1. Die chemische Zusammensetzung des Schweißgutes ändert sich infolge des Abbrandes der Legierungselemente.
2. Es entsteht eine Mischungszone.
3. Es bilden sich Gasblasen.
4. Es kommt zu thermischen Einwirkungen auf den Grundwerkstoff.

Der Grundwerkstoff wird in der Wärmeeinflußzone verändert, und es entstehen innere Spannungen, die Verzug und Rißbildung zur Folge haben. Die Eigenschaften der aufgetragenen Schicht werden nachstehend näher betrachtet.

3.1 Zur Versuchsdurchführung

Das Verhalten der drei Legierungen beim Auftragen auf Gesenkstähle und die Eigenschaften der aufgetragenen Schichten sowie der Übergangszonen wurden an Aufschweißproben nach DIN 8555 untersucht (Abb. 8). An Stelle von St 37

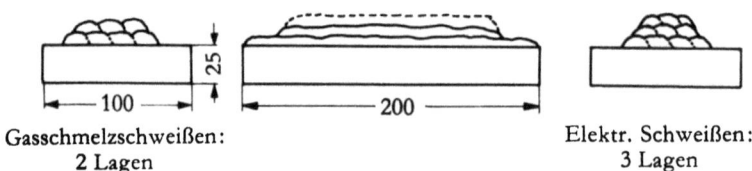

Gasschmelzschweißen: Elektr. Schweißen:
2 Lagen   3 Lagen

Abb. 8   Aufschweißprobe nach DIN 8555

als Grundwerkstoff wurden jedoch die Gesenkstähle 56 NiCrMoV 7 (Werkstoff-Nr. 2714) und 21 CrMoV 5 11 (Werkstoff-Nr. 8070)[5] verwendet. Dieser Stahl soll sehr schweißsicher sein. Er erfährt im Bereich von 550 bis 600°C eine Ausscheidungshärtung. In der Übergangszone sollen nach dem Schweißen keine nennenswerten Spannungsspitzen vorhanden sein.

Beide Stähle wurden in geglühtem und vergütetem Zustand gepanzert. Die Grundwerkstoffe hatten folgende Zusammensetzung:

	C	Si	Mn	P	S	Cr	Mo	Ni	V	Cu
Stahl Nr. 2714:	0,54	0,28	0,71	0,012	0,005	1,10	0,43	1,71	0,09	0,1

	C	Si	Mn	P	S	Cr	Mo	Ni	V
Stahl Nr. 8070:	0,20	0,02	0,26	0,011	0,007	1,38	1,25	0,07	0,24

[5] Firmenbezeichnung: BVT 90.

Die Probenflächen wurden vor dem Auftragen plan geschliffen. Die Proben wurden zum größten Teil auf 200–450° C vorgewärmt. Es war dann nicht möglich, eine Probentemperatur von 250° C beim Aufschweißen der letzten Lage einzuhalten, wie in DIN 8555 gefordert. Dies war nur bei den Proben möglich, die kalt aufgeschweißt wurden.

Angewendet wurden die Gasschmelzschweißung und die Argonarcschweißung. Die Schweißbedingungen, wie elektrische Polung, Stromstärke, Flammeneinstellung und -intensität und Schutzgasmengen, waren normal. Die Werkstoffpaarung und die Versuchsdaten sind in Tab. 10 zusammengestellt. Alle Raupen wurden zügig nacheinander aufgeschweißt. Bei der Argonarcschweißung war der Argonverbrauch 6 l/min.

Beim Schweißen kalter Proben war ein höherer Schweißstrom erforderlich als bei vorgewärmten. Beim Gasschmelzschweißen wurden alle Proben vorgewärmt, da sonst die Wärmezufuhr zu gering ist. Für die Legierungen 2 und 3 waren die nach DIN vorgeschriebenen Brennereinsätze für 4–6 mm Blechdicke gut geeignet. Für die Legierung 1 war jedoch ein größerer Brennereinsatz zweckmäßig, da sonst leicht nichtmetallische Einschlüsse hätten entstehen können und der Schweißvorgang zu lange gedauert hätte. Nach dem Schweißen kühlten die Proben an der Luft ab.

3.2 Die Oberflächenbeschaffenheit

Die Oberflächengüte einer Schweißnaht ist beim Verbindungsschweißen ohne größere Bedeutung. Beim Panzern von Gesenken ist es jedoch von Interesse, zu wissen, wie dick die abzutragende Schicht bei der Fertigbearbeitung ist. Die Unebenheiten der Oberfläche einer Auftragsschicht werden durch die schuppige Ausbildung des Schweißgutes, Mulden und Kuppen infolge ungleichmäßiger Zugabe des Schweißgutes und Furchen zwischen zwei Raupen hervorgerufen.

Eine zuverlässige Angabe der Oberflächengüte wäre nur mit Hilfe einer statistischen Untersuchung zu erhalten, da die Fertigkeit des Schweißers die Unebenheit mitbestimmt. In dieser Untersuchung wurde eine derartige Erfassung nicht vorgenommen, so daß die nachstehend mitgeteilten Ergebnisse nicht ohne weiteres übertragen werden dürfen. Da die Auftragsschweißungen aber unter vergleichbaren Bedingungen gemacht wurden, erlauben sie einen Vergleich der Verfahren und Werkstoffe.

Die Unebenheit der Oberflächen wurde mit Hilfe von Abdrücken aus einem schnell härtenden Kunststoff gemessen. Unter einem Profilprojektor wurde die Oberflächengestalt in mehreren Schnitten quer und längs zur aufgetragenen

Schicht aufgezeichnet. Die Unebenheit wurde jeweils als Abstand der höchsten Erhebung des Profils vom tiefsten Oberflächental gemessen.

In Tab. 11 sind die Ergebnisse dieser Messungen wiedergegeben. Danach muß eine 1–2 mm dicke Schicht bei der Fertigbearbeitung abgetragen werden. Die Art der Zusatzlegierung hat keinen merkbaren Einfluß auf die Größe der Unebenheit. Auch das Schweißverfahren ist hierfür ohne Bedeutung.

Tab. 10 Zusammenstellung der Schweißdaten

	Argonarcschweißung		Gasschmelz-schweißung
Ni—Mo—Cr-Legierung, Stab gezogen 4 mm ⌀	1. 380/400 2. 160 A 3. 1,8–2,8	20/240 200 A	420/– 570 l/h 9–12
Co—Cr—W-Legierung, Stab gegossen 3,6 mm ⌀	1. 400/420 2. 170–175 A 3. 1,7–2	20/250 200–210 A 3,1–4,1	400/– 400–450 l/h 8–9
Ni—Cr—B-Legierung, Stab gegossen 4 mm ⌀	1. 420/440 2. 150–160 3. 1,3–1,7		400/– 430 l/h 6–9

1. Vorwärmtemperatur/Probentemperatur vor dem Schweißen der letzten Lage [°C].
2. Schweißstrom [A] oder Gasverbrauch l/h je Lage.
3. Schweißzeit je Raupe [min].

Die Raupenabmessungen hängen dagegen stark vom Schweißverfahren ab. So war die mittlere Raupenbreite beim Gasschmelzschweißen etwa doppelt so groß wie beim Argonarcverfahren, wenn Schweißstäbe mit gleichem Durchmesser verwendet wurden ($\approx$ 14 gegenüber 7 mm). Die mittleren Raupendicken waren 2,7 und 1,6 mm. Mit der Gasflamme ist es nicht möglich, die Schweißraupen so schmal zu halten wie beim Argonarcschweißen.

Tab. 11 Unebenheit der aufgetragenen Schicht in [mm]

Schweiß-verfahren	Auftrags-werkstoff	Legierung 1 (Hastelloy C)	Legierung 2 (Colmonoy Nr.5)	Legierung 3 (Akrit)
Gasschmelzschweißung		1,0–2,2	1,0–1,6	0,7–1,2
Argonarc-schweißung	mit Vor-wärmung	1,2–2,2	0,7–1,7	1,4–1,7
	ohne Vor-wärmung	0,8–1,7	–	1,7–3,4

3.3 Schweißspannungen

In jeder Schweißnaht entstehen Spannungen als Folge der behinderten Schrumpfung beim Erkalten der aufgetragenen Schicht. Die örtlich begrenzte und ungleichmäßige Erwärmung des Werkstücks vergrößert die Spannungen, die zu einer Verformung des Werkstücks und zu Rissen führen, wenn sie die Bruchgrenze überschreiten. Die Durchbiegung der Schweißproben wurde nach dem Erkalten in Längsrichtung der aufgetragenen Schicht zwischen zwei festgelegten Punkten gemessen und auf 100 mm bezogen, um einen qualitativen Überblick über die Größe der Spannungen zu erhalten (Tab. 12).

Die Größe des Verzuges hängt vor allem von der zugeführten Wärmemenge ab. Bei der Gasschmelzschweißung war die Schweißzeit wegen der niedrigeren Flammentemperatur länger als bei der Argonarcschweißung; die erwärmte Fläche war größer, da die Breite der aufgetragenen Schicht doppelt so groß war.

Tab. 12 Verzug von Schweißproben bezogen auf 100 mm Länge in [mm]

Auftragswerkstoff und Verfahren	Grundwerkstoff	56 NiCrMoV 7		21 CrMoV 5 11	
		geglüht	vergütet	geglüht	vergütet
Legierung 1 (Hastelloy C)	Argonarc- schweißung (kalte Probe)	0,05	0,04	0,03	0,01
Legierung 2 (Colmonoy Nr. 5)	Gasschmelz- schweißung	0,20		0,21	
Legierung 2 (Colmonoy Nr. 5)	Argonarc- schweißung (warme Probe)	0,05	0,04	0,08	0,06
Legierung 3 (Akrit)	Argonarc- schweißung (kalte Probe)	0,11	0,16	0,25	0,13

Die Legierung 2 hat beim Gasschmelzschweißen den geringsten Verzug zur Folge, da ihr Schmelzpunkt mit 1063°C um r. 200°C niedriger liegt als der der anderen Legierungen.

Die Schweißeignung wurde an Hand der Rißbildung beurteilt. Die auf den Werkstoff 21 CrMoV 5 11 aufgetragenen Schichten waren unabhängig von Verfahren und Auftragslegierung stets rißfrei, auch beim Auftragen auf nicht vorgewärmte Proben. Im Vergleich dazu verhielt sich der Werkstoff 56 NiCrMoV 7 ungünstig. Beim Aufschweißen auf vergüteten Gesenkwerkstoff entstanden bei beiden Schweißverfahren und allen Auftragswerkstoffen Risse. Sie waren bei der Legierung 1 am schwächsten. Die Abb. 9 zeigt die Rißbildung bei Legierung 3 als Zusatzwerkstoff. Im Lichtbogen ließen sich alle Legierungen auch auf nicht vor-

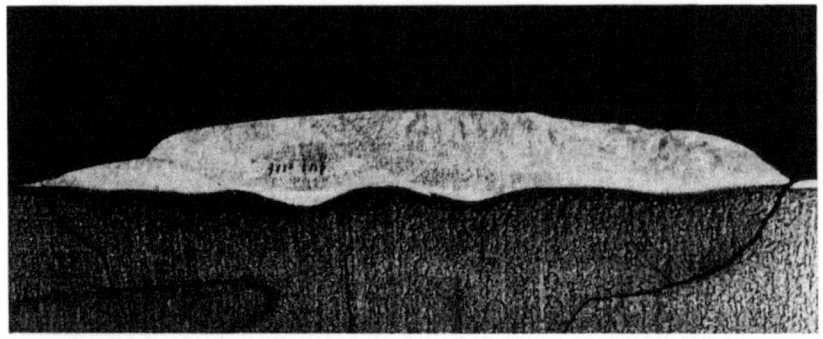

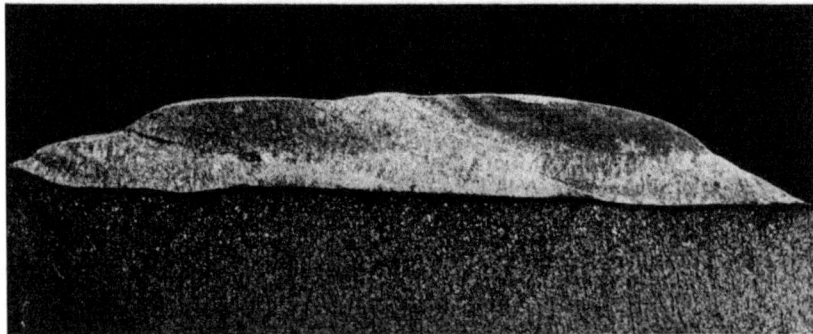

Abb. 9 Rißbildung in einer aufgeschweißten Probe aus 56 NiCrMoV 7
Auftragswerkstoff: Legierung 3 (Akrit),
Gasschmelzschweißung
a) Grundwerkstoff geglüht
b) Grundwerkstoff vergütet

gewärmte Proben aus *geglühtem Stahl* 56 NiCrMoV 7 rißfrei auftragen. Die Legierung 2 zeigte jedoch nach dem Ätzen Spannungskorrosionsrisse in der Wärmeeinflußzone, die auf beträchtliche Restspannungen und schwache Korngrenzenbindungen hindeuten [31].

Die Ursache für die stärkere Rißbildung beim Werkstoff 56 NiCrMoV 7 ist in der größeren Aushärtung zu sehen, die seine Sprödigkeit erhöht (Tab. 13). Man kann annehmen, daß bei einer Härte von 35 bis 40 HR_c und einem Martensitgehalt von 60 bis 70% noch ohne Unternahtrisse geschweißt werden kann. Dieser Wert wurde beim Stahl 2714 durchweg überschritten, während bei 8070 diese Grenze nur in einem Fall erreicht wurde.

3.4 Der Härteverlauf

Ein aufgeschweißtes Werkstück besteht aus drei Schichten: der aufgetragenen Schicht, der Mischungszone und dem Grundwerkstoff. Diese Unterschiede machen sich auch im Härteverlauf bemerkbar.

Um die Härteverteilung in der aufgeschweißten Schicht zu bestimmen, wurde diese um jeweils 0,6 mm abgeschliffen. Die Härte wurde dann an 10–15 gleichmäßig verteilten Punkten gemessen. In Abb. 10 sind die Grenzen der Streubereiche in Abhängigkeit von der Schichtdicke aufgetragen. Die Ursache für den großen Streubereich ist in der Vermischung mit dem Grundwerkstoff zu sehen. Die Gasschmelzschweißung gibt höhere Härtewerte als die Argonarcschweißung.

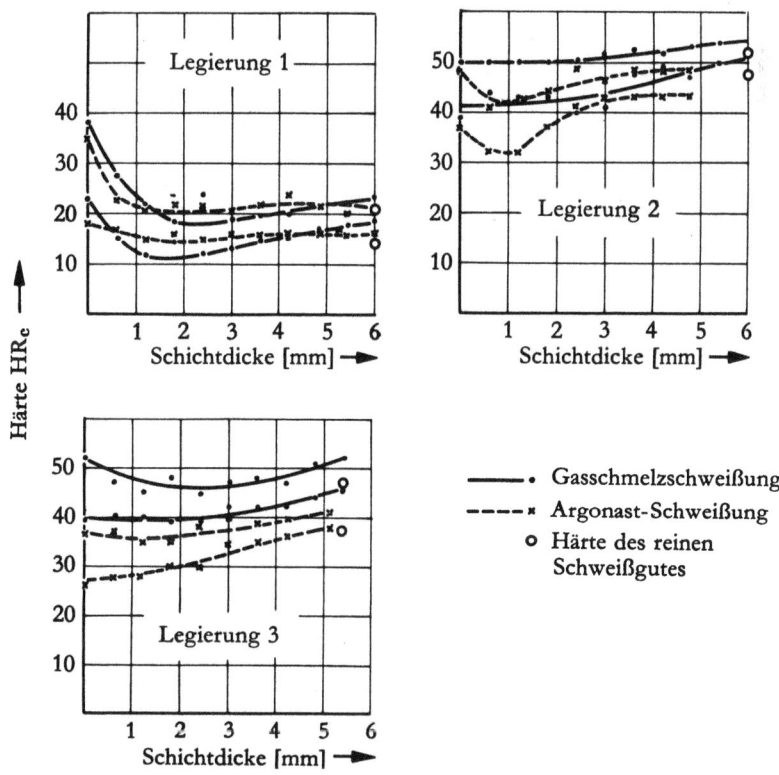

Abb. 10 Härteverlauf in der aufgetragenen Schicht
(Grundwerkstoff: 2714, vergütet und vorgewärmt)

Tab. 13 Härte in der Wärmeeinflußzone vor und nach dem Schweißen in HR$_c$

			56 NiCrMoV 7		21 CrMoV 5 11	
			geglüht	vergütet	geglüht	vergütet
Durchschnittliche Härte vor dem Schweißen			16	42	8	31
Durchschnittliche Härte nach dem Schweißen	Gasschmelzschweißen	a)	40	42	26	28
		b)	45	51	10	28
	Argonarcverfahren	a)	37	51	24	31
		b)	15	45	7	38

a) 2 mm unterhalb oder neben der Raupe.
b) 10–20 mm unterhalb oder neben der Raupe.

Die Vermischung hört erst nach mehreren Lagen auf. Man sollte daher bei artfremder Auftragsschweißung mindestens drei Lagen übereinanderlegen, wenn man die Eigenschaften der Aufschweißlegierung erreichen will.

3.5 Die Einbrandtiefe

Die Einbrandtiefe ist bei der Gasschmelzschweißung geringer als bei der Argonarcschweißung, da letztere eine größere Konzentration der Wärme und höhere Temperaturen hervorruft (Abb. 11). Diese Bilder lassen auch die wärmebeeinflußte Zone und die Schweißlagen erkennen.

3.6 Die Haftfestigkeit

Für die Bestimmung der Haftfestigkeit von aufgeschweißten Schichten gibt es zahlreiche Vorschläge [32]. Mit Rücksicht auf die Probenherstellung wurde die Haftfestigkeit im Abscherversuch bestimmt (Abb. 12).
Keine der Proben ist auf der Grenzfläche zwischen Grundwerkstoff und Auftragsschicht gebrochen. Die Bruchflächen lagen vielmehr in der gehärteten Zone der Grundwerkstoffe oder in der Auftragsschicht.
Die Legierung 1 hatte eine Scherfestigkeit $\sigma_s = P_{max}/a \cdot b$ von 44 bis 48 kp/mm²; ein Einfluß des Schweißverfahrens war nicht zu erkennen. Trotz der unterschiedlichen Einbrandtiefe brachen alle Proben in der aufgeschweißten Schicht.
Die Proben mit den Legierungen 2 und 3 brachen dagegen in der wärmebeeinflußten Zone, wenn diese eine Härte von mehr als 30 bzw. 45 HR$_c$ besaß, im Gegensatz zur Legierung 1, die bei einer Härte des Grundwerkstoffs von 55 HR$_c$ noch in der aufgetragenen Schicht brach. Die Haftfestigkeit jener Legierungen betrug unter diesen Umständen 30 bzw. 40 kp/mm².

Bei einer geringeren Härte der Grundmasse als oben angegeben brachen auch die Legierungen 2 und 3 in der aufgeschweißten Schicht. Die Scherfestigkeit war dann ebenfalls 30 bzw. 40 kp/mm².

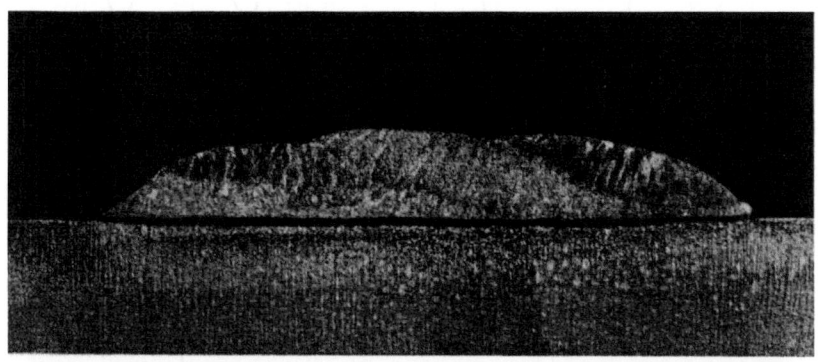

Abb. 11 Auftragsschweißen von Akrit auf Stahl 8070 (M 2:1)
    a) Gasschmelzschweißung, Grundwerkstoff vergütet und auf 400° C vorgewärmt
    b) Argonarcschweißung, Grundwerkstoff vergütet und auf 400° C vorgewärmt
    c) Argonarcschweißung, Grundwerkstoff geglüht und nicht vorgewärmt

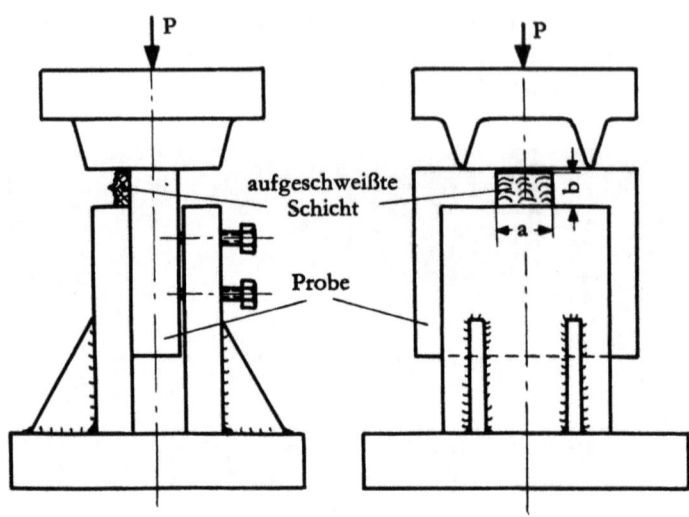

Abb. 12 Vorrichtung zur Bestimmung der Haftfestigkeit
(a = 10 mm, b = 5 mm)

4. Das Verschleißverhalten der untersuchten Auftragslegierungen

Zur Prüfung des Verschleißverhaltens wurde ein Gesenk aus 56 NiCrMoV 7 an gegenüberliegenden Stellen mit den drei Werkstoffen gepanzert (Abb. 13). Auf diese Weise wurden gleiche Versuchsbedingungen für alle drei Werkstoffe sichergestellt. Die Härte von Hastelloy war im Durchschnitt 23, die von Colmonoy 47 und die von Akrit 42 HR_c. Der Grundwerkstoff hatte eine Härte von 53 HR_c. Geschmiedet wurde in einer Schwungradspindelpresse, nachdem die induktiv erwärmten runden Stangenabschnitte aus C 35 zuvor in einer Exzenterpresse gestaucht und dabei entzundert worden waren. Die Gesenke wurden nach jedem dritten Stück mit Albuzol (Graphit in Fett) geschmiert. Der Verschleißverlauf wurde an Bleiproben gemessen, die nach jeweils 250 Schmiedestücken in das Gesenk geschlagen und später unter einem Profilprojektor ausgemessen wurden. Die Abb. 14a zeigt den Verschleiß in der aufgetragenen Schicht nach 2700 geschmiedeten Stücken.

Im nicht gepanzerten Grundwerkstoff beträgt der Verschleiß bereits nach 200 Schmiedestücken an der Gratkante 0,1 mm. Nach 2700 Stücken ist hier der Werkstoff um 0,7–0,8 mm abgetragen worden. An den mit Hastelloy und Akrit gepanzerten Stellen ist hingegen nach 2700 geschmiedeten Stücken erst eine Abtragung von 0,1 mm zu erkennen. Auffallend ist das Versagen der Legierung Colmonoy, sie verhält sich nicht besser als der Grundwerkstoff. In Abb. 15 ist ersichtlich, daß die mit Akrit und Hastelloy gepanzerten Stellen zwar einige Riefen aufweisen, die Form aber gut erhalten geblieben ist, während die starke Abnutzung des Grundwerkstoffs und der mit Colmonoy aufgeschweißten Stellen ebenso deutlich sichtbar werden. Bei einem zweiten Gesenk betrug der Verschleiß nach dem Schmieden von 5500 Verschlußstopfen an Kanten, die mit Hastelloy und Akrit aufgeschweißt worden waren, ebenfalls nur 0,1 mm. Unterhalb der aufgeschweißten Schicht war allerdings im Grundwerkstoff ein Kolkverschleiß von 0,2 bis 0,3 mm Tiefe festzustellen. Besonders gut bewährte sich die Auftragsschweißung des Zapfens mit Hastelloy, wie aus dem Vergleich der Profilkurven in Abb. 14b hervorgeht.

Vom Standpunkt der Verschleißfestigkeit sind nach diesen Untersuchungen Hastelloy und Akrit als gleichwertig anzusehen. Hastelloy bietet im Vergleich zu Akrit den Vorteil der leichteren Bearbeitbarkeit.

Aus den Versuchen geht hervor, daß es nicht möglich ist, von der Härte auf das Verschleißverhalten zu schließen. Colmonoy hat zwar mit 1063°C den niedrigsten Schmelzpunkt der betrachteten Werkstoffe, r. 200°C niedriger als der der beiden übrigen Auftragslegierungen, aber im Temperaturbereich, der beim Schmieden erreicht wurde, sind die Härtewerte immer noch höher als bei den beiden anderen

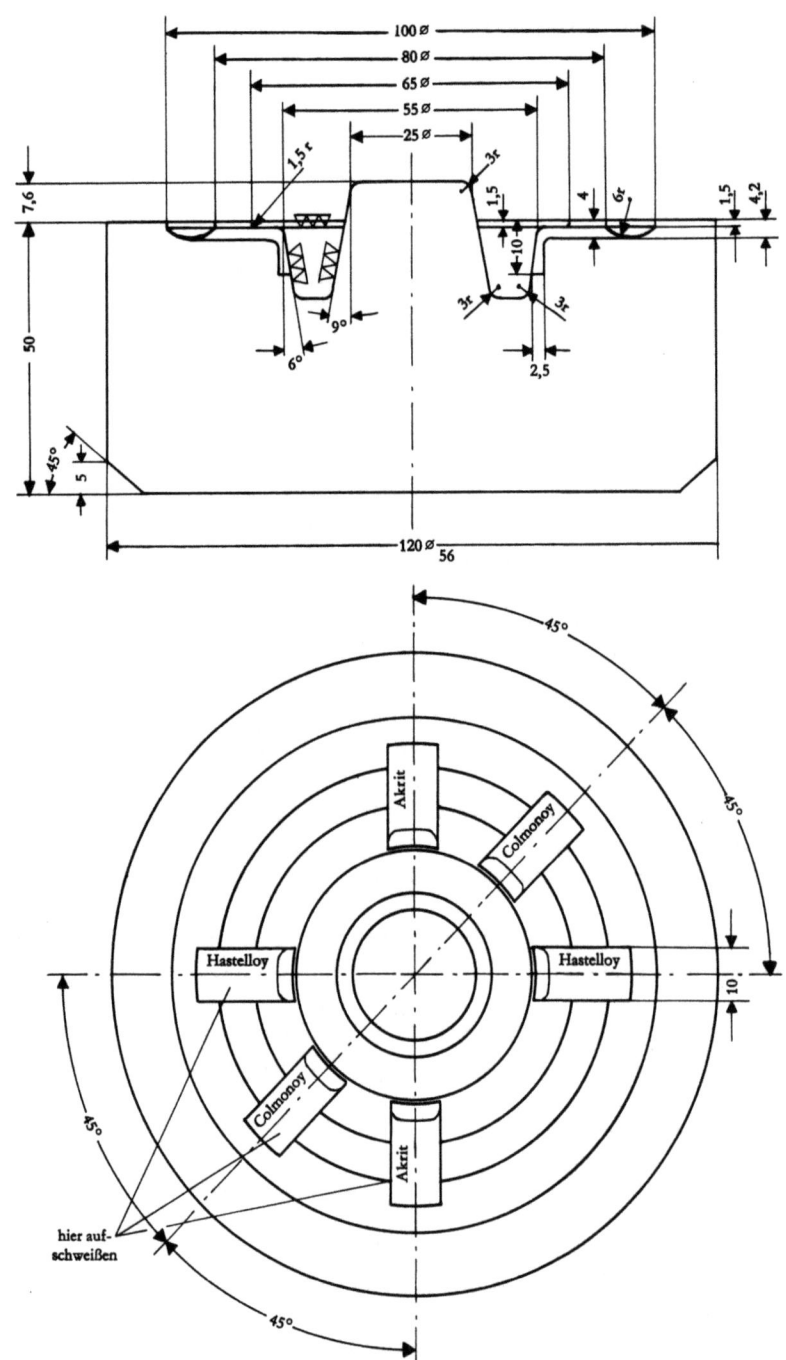

Abb. 13 Versuchsgesenk für Verschleißuntersuchung

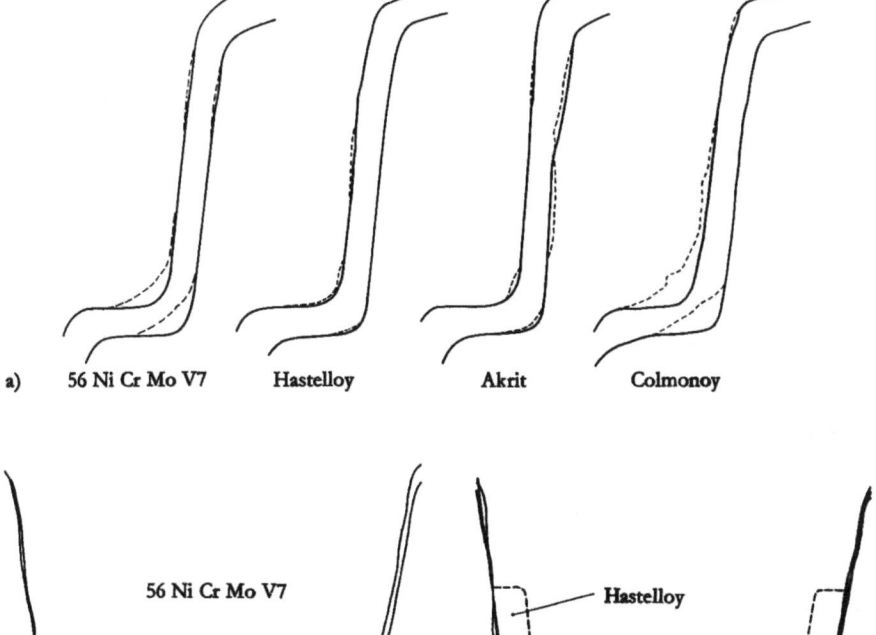

Abb. 14 Profilbilder des Gesenks
a) Gesenkwand und Gratbahn vor dem Schmieden und nach 2700 Schmiedestücken (rechte Profilkurve jeweils um 180° gedreht)
b) Zapfen vor dem Schmieden und nach 2500 bzw. 5500 Schmiedestücken

Abb. 15 Abgeschmiedetes Versuchsgesenk
1 Hastelloy
2 Colmonoy
3 Akrit
4 56 NiCrMoV 7

Werkstoffen. Der Gesenkstahl hat die größte Härte, aber das ungünstigste Verschleißverhalten. Auch die übrigen bei Raumtemperatur ermittelten Werkstoffkennwerte lassen keinen Schluß auf das Verschleißverhalten zu. Zur Zeit kann man demnach auf betriebsnahe Verschleißuntersuchungen noch nicht verzichten, wenn man Aussagen über die Eignung von Auftragswerkstoffen machen will. Es ist noch hervorzuheben, daß die Auftragslegierungen Hastelloy und Akrit sich auf dem Grundwerkstoff 56 NiCrMoV 7 gut bewährt haben, der sich verhältnismäßig schwer schweißen läßt. Dabei ist allerdings zu bedenken, daß jeweils nur kleine Abschnitte gepanzert wurden.

5. Schweißbedingungen beim Auftragsschweißen von Gesenken

Die günstigste Einstellung der Schweißflamme wurde für das Argonarcverfahren und das Gasschmelzschweißen in einer Reihe von Versuchen gefunden. Dabei wurden gleichartige Zusatzstäbe von 4 mm Durchmesser verwendet.
Beim Auftragen mit dem Gasbrenner wurde der Werkstoff ohne Flußmittel nach links im sogenannten »Lötschweißverfahren« aufgetragen, d. h. der Zusatzwerkstoff tropfte auf die eben anschmelzende Oberfläche des Grundwerkstoffs auf, und das Schweißbad wurde nur mit der Schweißflamme erweitert, aber nicht mit dem Zusatzdraht aufgerührt, um die Bildung von Gasblasen zu vermeiden und die Gefahr der Vermischung zu verringern. Die Gasmenge wurde mit zwei geeichten Durchflußmengenmessern, sogenannten Rotamessern, zwischen Brenner und Azetylen- bzw. Sauerstoff-Flasche gemessen. Es wurden Brenner der Größe 2 (für 2–4 mm dicke Bleche) und der Größe 3 (4–6 mm Blechdicke) verwendet. Die Flamme wurde neutral und reduzierend eingestellt.
Bei der Argonarcschweißung ist wie bei allen elektrischen Schweißungen wegen der stärkeren Konzentration der Wärme und der höheren Temperatur keine »Lötschweißung« möglich. Das gelegentliche Aufrühren des Schweißbades mit dem Zusatzstab hatte jedoch keine nennenswerten schädlichen Folgen. Der Argonarcverbrauch betrug bei diesen Versuchen 6 l/h.
In Tab. 14 sind die Ergebnisse dieser Untersuchungen zusammengestellt.
Die Röntgenprüfung ergab bei der Argonarcschweißung einen günstigeren Befund. Auch ist die Schweißzeit bei diesen Verfahren wesentlich kürzer. Deshalb ist die Argonarcschweißung vorzuziehen, wenn auch bei der Gasschweißung die Vermischung zwischen Auftragsschicht und Grundwerkstoff geringer ist. Bei der Gasschweißung ist jedoch die Flammeneinstellung immer schwierig. Mittlere und große Gesenke können nur elektrisch geschweißt werden, da die Wärme schnell abfließt und die Gasflamme zu lange auf einer Stelle gehalten werden müßte. Der Schweißstrom sollte möglichst klein sein, damit Warmrisse vermieden werden und die Korrosionsbeständigkeit erhalten bleibt. Die Stromdichte soll dagegen groß sein, um den Lichtbogen stabil zu halten.
Trotz der oben genannten Vorteile der Argonarcschweißung ist die Gasschmelzschweißung bei kleineren Werkzeugen möglich, zumal sie eine geringere Vermischung von Grund- und Auftragswerkstoff verursacht und eine größere Härte zur Folge hat. Außerdem läßt sich der Auftragswerkstoff besser verteilen. Für die Legierung 1 ist wie beim Schweißen rostfreier Stähle eine neutrale Flamme nötig, wenn der Werkstoff nicht aufgekohlt werden soll. Eine Aufkohlung verringert die Korrosionsbeständigkeit, erhöht aber auf der anderen Seite die Härte. In Abb. 16 ist zu erkennen, daß der Anteil der weichen Grundmasse wesentlich kleiner geworden ist (vgl. Abb. 2). Die reduzierende Flamme gibt ein dünnflüssiges

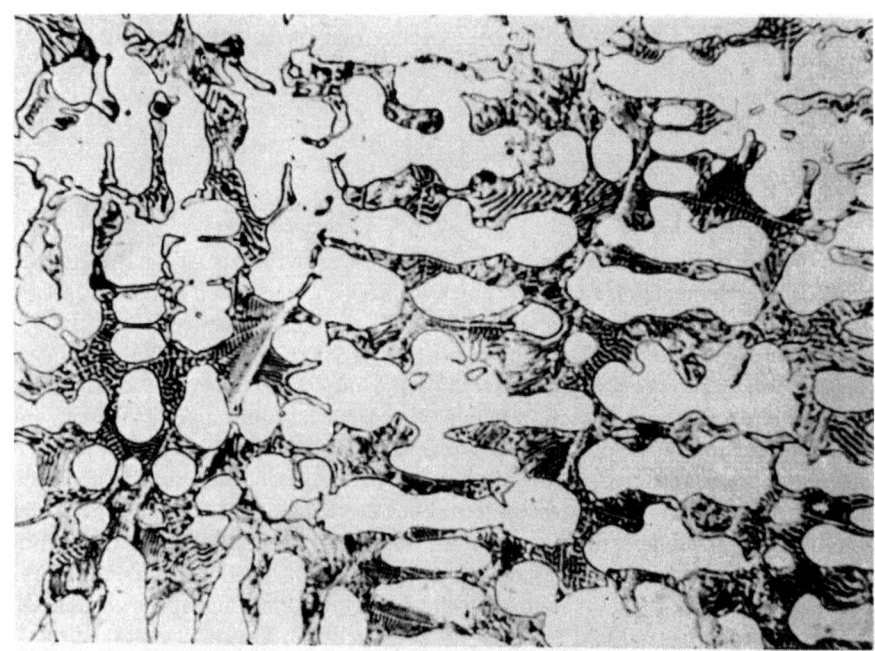

Abb. 16 Gefüge der mit reduzierender Flamme aufgeschweißten Legierung 1
(Hastelloy C), 500×
(Mischungsverhältnis $O_2 : C_2H_2 \approx 0{,}96$)

Tab. 14 Zusammenstellung der Schweißdaten

Auftragswerkstoff		Legierung 1 (Ni—Mo—Cr)		Legierung 3 (Co—Cr—W)		
Schweißverfahren		Autogen	Argon-arc	Autogen		Argon-arc
Sauerstoffverbrauch [l/h] bzw. Flammeneinstellung		neutral	540–550	–	280	redu-zierend	–
Azetylenverbrauch [l/h] bzw. Schweißstrom [A]	1. Lage	530	570	145	300	690	165
	2. Lage	525	560	145	300	650	165
	3. Lage	630	560	145	300	570	156
	4. Lage	630	–	140	300	570	150
Gesamtschweißzeit [min]		27	22	17	45	27	20
Befund der Röntgenprüfung		zulässig	noch zulässig	ohne Befund	zulässig	zulässig	ohne Befund

Schmelzbad, während das Bad bei neutraler Flamme stark spritzte und zähe Schlacken entstanden, so daß ein Verrühren mit dem Schweißdraht nicht völlig zu vermeiden war.

Die Legierung 3 ließ sich mit dem Gasschmelzverfahren gut auftragen. Ein Mischungsverhältnis $O_2 : C_2H_2 = 0{,}94-0{,}96$ war am günstigsten, da es ein dünnflüssiges Schmelzbad zur Folge hatte und man schneller schweißen konnte als mit neutraler Flamme.

Vor dem Schweißen ist die Oberfläche immer sorgfältig zu reinigen. Durch Sandstrahlen, Fräsen oder Schleifen ist eine metallisch blanke Oberfläche zu erzeugen. Risse sind bei Reparaturschweißungen vorher vollständig auszufräsen oder auszuschleifen, da sonst nach kurzer Zeit Risse in der aufgetragenen Schicht entstehen. Kanten sollen mit 2–3 mm Halbmesser abgerundet werden. Die Gesenke sind vor dem Schweißen zu vergüten, wenn sie mit artfremden Werkstoffen gepanzert werden, da sonst die unterschiedlichen Wärmedehnzahlen von Grundwerkstoff und Aufschweißwerkstoff zu Rissen führen können. Vor dem Panzern werden die Gesenke zweckmäßig vorgewärmt, wenn möglich auf 350–400 °C. Die Anlaßtemperatur darf jedoch nicht überschritten werden. Vorteile der Vorwärmung sind ein zäheres Schweißgut und kleinere Restspannungen, nachteilig ist die größere Wärmeeinflußzone im Grundwerkstoff.

Beim Schweißen sollen möglichst wenige Lagen übereinander gelegt werden. Große zusammenhängende Stellen werden am besten abschnittsweise geschweißt, damit die Wärmespannungen nicht zu groß werden und keine Risse entstehen. Die aufgetragene Schicht soll ein Übermaß von 1,5 bis 2 mm haben. Tiefe Risse sind mit austenitischen Elektroden auszufüllen, die Deckschichten aus Werkstoffen auf Ni- oder Co-Basis herzustellen. Nach dem Schweißen sollen die Gesenke langsam abkühlen. Günstig ist es, die Gesenke nach dem Schweißen noch auf Anlaßtemperatur zu erwärmen, um die Spannungen abzubauen.

6. Zusammenfassung

Nach einleitenden Bemerkungen über die Ursachen des Gesenkverschleißes und die Möglichkeiten der Verschleißbekämpfung werden die bisherige Anwendung der Auftragsschweißung bei Abgratschnitten und Gesenken betrachtet und die heute üblichen Auftragslegierungen aufgeführt. Aus einer größeren Zahl von möglichen Auftragswerkstoffen wurden alsdann drei eisenfreie Legierungen auf Nickel- und Kobalt-Basis auf ihre Eignung als Auftragswerkstoffe für Gesenke untersucht. Zunächst wurden das Gefüge und die wichtigsten mechanischen Eigenschaften bei Raumtemperatur sowie die Warmhärte und die Warmzugfestigkeit bestimmt, um durch Vergleiche mit dem Verschleißverhalten zu prüfen, ob ein Zusammenhang zwischen diesen und den verhältnismäßig einfach zu ermittelnden Werkstoffkennwerten besteht. Zu diesem Zweck wurden auch die Eigenschaften der aufgetragenen Schicht – Verzug, Härteverlauf, Einbrandtiefe, Rißbildung und Haftfestigkeit – ermittelt.

Das Verschleißverhalten wurde durch Schmiedeversuche bestimmt, wobei durch Auftragen der drei Werkstoffe auf ein Gesenk gleiche Untersuchungsbedingungen sichergestellt wurden. Die Ni—Mo—Cr-Legierung Hastelloy C und die Co—Cr—W-Legierung Akrit zeigten dabei einen sehr geringen Verschleiß. Er betrug nach 2700 geschmiedeten Stücken etwa $1/10$ des am Gesenkwerkstoff 56 NiCrMoV 7 ermittelten Wertes. Eine Ni—Cr—B-Legierung erwies sich dagegen als ungeeignet für Auftragsschweißungen an Gesenken. Eine Beziehung zwischen dem Verschleißverhalten und den oben genannten Werkstoffkennwerten war nicht zu ermitteln.

Zum Abschluß werden Angaben über die Schweißbedingungen beim Auftragsschweißen von Gesenken gemacht.

Als Ergebnis der Untersuchungen kann festgestellt werden, daß das Auftragsschweißen neuer Gesenke an den besonders verschleißgefährdeten Stellen mit geeigneten eisenarmen Legierungen auf Nickel- oder Kobalt-Basis Vorteile verspricht. Auf jeden Fall sollte man aber versuchen, verschlissene Gesenke durch Auftragsschweißen wieder instand zu setzen.

Dr.-Ing. Tin Ming Wu

Literaturverzeichnis

[1] Mott, B., Die Mikrohärteprüfung. Berliner Union, Stuttgart.
[2] Burwell, J. T., Survey of possible wear mechanisms. Wear 1 (1957/58), S. 119–141.
[3] Pakhomov, A. V., Hot forging in Russia-Carbide inserts increase die life. Metalworking Prod. 104 (1960), S. 812/13.
[4] Firmenmitteilung.
[5] Haynes Alloys Digest 9 (1960), Nr. 1, S. 20. Herausgegeben von Metals Department Union Carbide International Co., New York.
[6] Extra life for hot-working equipment. Firmenschrift der Haynes Stellite Co., Kokomo, India, USA.
[7] Haynes Alloys Digest 8 (1959), Nr. 1.
[8] Zeyen, K. L., Anwendung der Auftragsschweißung für Ausbesserungsarbeit und für Neuanfertigung. Autogene Metallbearbeitung 32 (1939), S. 117–123 und 133–141.
[9] Hammitzsch, W., Hochwertiges Auftragsschweißen bei Werkzeugen. Autogene Metallbearbeitung 37 (1944), S. 123–129.
[10] Kottisch, R., Das Auftragsschweißen bei Reparatur und Neuanfertigung von Werkzeugen. Werkstatt und Betrieb 82 (1949), S. 425–429.
[11] Kunz, J., und H. Jansen, Herstellen und Instandsetzen von Werkzeugen durch Auftragsschweißung mit verschleißfesten Werkstoffen. Schweißen und Schneiden 2 (1950), S. 137–146.
[12] Rapatz, F., und A. Schmidt, Auftragsschweißung als Instandsetzungs- und Fertigungsverfahren. Schweißen und Schneiden 2 (1950), S. 320.
[13] Avery, H. S., Tool Engineers Handbook (Section 77 »Hard Facing«). McGraw-Hill Book Co. Inc., New York, Toronto, London 1959.
[14] Hänsch, W., Die Auftragsschweißung an Werkzeugen und verschleißbeanspruchten Maschinenteilen. Techn. Zentralblatt f. prakt. Metallbearb. 55 (1961), S. 453–460.
[15] Koch, H., Handbuch der Schweißtechnologie – Lichtbogenschweißen. Deutscher Verlag f. Schweißtechnik (DVS) GmbH, Düsseldorf 1961.
[16] Jäger, Grundsätzliches über Auftragsschweißung und Panzerung. Die Schmiedewerkstatt, Folge 4, 1954, S. 81–85.
[17] Schrödl, W., Die elektrische Auftragsschweißung im Werkzeugbau zur Reparatur von Schnitt-, Stanz- und Ziehwerkzeugen. Werkstatt und Betrieb 91 (1958), S. 687/88.
[18] Kunz, J., und H. Jansen, Herstellen und Instandsetzen von Werkzeugen durch autogene Auftragsschweißung mit verschleißfesten Werkstoffen. Schweißen und Schneiden 6 (1950), S. 137–146.
[19] Zorkoczy, B., Auftragsschweißung an Schmiedegesenkwerkzeugen. Schweißtechnik, Berlin 9 (1959), S. 406–410 und 455–457.
[20] Elfmark, G., Die Lebensdauer von Schmiedegesenken. Hutniké Listy 8 (1957), S. 612–619.
[21] Doloro Stellite in the Forging industry (Leaflet B 27). Doloro Stellite Ltd., England.

[22] BLAŠKIN, E. G., und L. K. EŠZOV, Untersuchung über das Auftragsschweißen von Gesenken. Svaročnoe proizvodstvo 1962, Heft 1, S. 26–28.

[23] BERNHOLZ, E., Der Einfluß der Schweißbedingungen auf Zusammensetzung und Gefügeausbildung aufgeschweißter Chrom-Hartlegierungen. Diss., TH Hannover 1957; s. a. Schweißen und Schneiden 10 (1958), S. 71–76.

[24] WELLINGER, K., und H. UETZ, Einfluß der Schweißbedingungen auf das Verschleißverhalten von Auftragsschweißungen. Schweißen und Schneiden 11 (1959), S. 458–474.

[25] NICHOLS, H. R., u. a., Development of high temperature die materials. AMC Technical Report 59-7-579 (PB 161 779 Office of Technical Services), 1959.

[26] LEVY, A., Where Heat is King. Steel 1955, Heft 4.

[27] STÖTER, J., Beanspruchung von Gesenken durch Druck und Temperatur. Werkstattstechnik 48 (1958), S. 676.

[28] KIEFFER, R., und P. SCHWARZKOPF, Hartstoffe und Hartmetalle. Springer-Verlag, Wien 1953.

[29] GRAINGER, S., Cobalt (Brüssel), 1959 (Juni-Heft).

[30] RAPATZ, F., Die Edelstähle. Springer-Verlag, Berlin, Göttingen, Heidelberg, 4. Aufl. 1951.

[31] RÄDEKER, W., Eine neue Methodik zum Nachweis von Schweißeigenspannungen. Schweißen und Schneiden 10 (1958), S. 352–358.

[32] RÄDEKER, W., Die Haftfestigkeit bei Schweißplattierung. Werkstoff und Schweißung, Bd. I, Akademie-Verlag, Berlin 1961, S. 829–841.

FORSCHUNGSBERICHTE DES LANDES NORDRHEIN-WESTFALEN

Herausgegeben im Auftrage des Ministerpräsidenten Dr. Franz Meyers
von Staatssekretär Prof. Dr. h. c. Dr.-Ing. E. h. Leo Brandt

EISENVERARBEITENDE INDUSTRIE

HEFT 39
Forschungsgesellschaft Blechverarbeitung e. V., Düsseldorf
Aus den Arbeiten des Instituts für Werkzeugmaschinen an der Technischen Hochschule Hannover
Untersuchungen an prägegemusterten und vorgelochten Blechen
1953. 40 Seiten, 34 Abb. DM 9,50

HEFT 43
Forschungsgesellschaft Blechverarbeitung e. V., Düsseldorf
Forschungsergebnisse über das Beizen von Blechen
1953. 41 Seiten, 38 Abb., 3 Tabellen. Vergriffen

HEFT 51
Verein zur Förderung von Forschungs- und Entwicklungsarbeiten in der Werkzeugindustrie e. V., Remscheid
Untersuchungen an Kreissägeblättern für Holz, Fehler- und Spannungsprüfverfahren
1953. 39 Seiten, 23 Abb. DM 10,—

HEFT 56
Forschungsgesellschaft Blechverarbeitung e. V., Düsseldorf
Untersuchungen über einige Probleme der Behandlung von Blechoberflächen
1953. 41 Seiten, 42 Abb. DM 11,20

HEFT 60
Forschungsgesellschaft Blechverarbeitung e. V., Düsseldorf
Untersuchungen über das Spritzlackieren im elektrostatischen Hochspannungsfeld
1954. 82 Seiten, 53 Abb., 7 Tabellen. Vergriffen

HEFT 61
Verein zur Förderung von Forschungs- und Entwicklungsarbeiten in der Werkzeugindustrie e. V., Remscheid
Schwingungs- und Arbeitverhalten von Kreissägeblättern für Holz I
1953. 43 Seiten, 31 Abb. DM 11,40

HEFT 65
Fachverband Schneidwarenindustrie, Solingen
Untersuchungen über das elektrolytische Polieren von Tafelmesserklingen aus rostfreiem Stahl
1954. 79 Seiten, zahlreiche Abb., 9 Tabellen. DM 17,35

HEFT 87
Gemeinschaftsausschuß Verzinken, Düsseldorf
Untersuchungen über Güte von Verzinkungen
1954. 56 Seiten, 56 Abb., 3 Tabellen. Vergriffen

HEFT 98
Fachverband Gesenkschmieden, Hagen
Die Arbeitsgenauigkeit beim Gesenkschmieden unter Hämmern
1954. 117 Seiten, 55 Abb., 9 Tabellen. DM 24,75

HEFT 116
Prof. Dr.-Ing. E. Siebel und Dr.-Ing. Helmut Weiss, Stuttgart
Untersuchungen an einigen Problemen des Tiefziehens — I. Teil
1955. 59 Seiten, 50 Abb., 6 Tabellen. DM 14,50

HEFT 117
Dr.-Ing. H. Beißwänger, Stuttgart und Dr.-Ing. S. Schwandt, Trier
Untersuchungen an einigen Problemen des Tiefziehens — II. Teil
1954. 77 Seiten, 34 Abb., 8 Tabellen. DM 17,70

HEFT 150
Prof. Dr.-Ing. Otto Kienzle und Dipl.-Ing. F. Wilhelm Timmerbeil, Hannover
Das Durchziehen enger Kragen an ebenen Fein- und Mittelblechen
1955. 39 Seiten, 20 Abb., 8 Tabellen. DM 11,30

HEFT 177
Dipl.-Ing. Hans Stüdemann, Solingen und Dr.-Ing. W. Müchler, Essen
Entwicklung eines Verfahrens zur zahlenmäßigen Bestimmung der Schneideigenschaften von Messerklingen
1956. 92 Seiten, 68 Abb., 4 Tabellen. DM 22,20

HEFT 224
Dipl.-Ing. Hans Stüdemann und Ing. R. Beu, Forschungsinstitut für die Schneidwarenindustrie an der Fachschule für Metallgestaltung und Metalltechnik, Solingen
Verfahren zur Prüfung der Korrosionsbeständigkeit von Messerklingen aus rostfreiem Stahl
1956. 82 Seiten, 28 Abb. DM 16,90

HEFT 225
Dr.-Ing. Eginhard Barz, Remscheid
Der Spannungszustand von Gattersägeblättern
1956. 63 Seiten, 54 Abb. DM 16,50

HEFT 277
Dr.-Ing. W. Müchler, Forschungsinstitut für Metallgestaltung und Metalltechnik, Solingen
Direktor: Dipl.-Ing. Hans Stüdemann
Untersuchung und zahlenmäßige Bestimmung der Schneideigenschaften von Messern mit besonderer Berücksichtigung rostfreier Messerstähle
1956. 47 Seiten, 27 Abb., 5 Tabellen. DM 13,20

HEFT 283
Prof. Dr. phil. Franz Wever und
Dr.-Ing. Werner Lueg, Max-Planck-Institut für Eisenforschung, Düsseldorf
Warmstauchversuche zur Ermittlung der Formänderungsfestigkeit von Gesenkschmiede-Stählen
1956. 31 Seiten, 19 Abb. DM 9,90

HEFT 285
Prof. Dr.-Ing. Otto Kienzle, Dr.-Ing. Kurt Lange und Dipl.-Ing. Helmut Meinert, Institut für Werkzeugmaschinen und Umformtechnik der Technischen Hochschule Hannover
Einfluß der Oberfläche auf das Verschleißverhalten von Schmiedegesenken
1956. 50 Seiten, 29 Abb., 8 Tabellen. DM 14,60

HEFT 286
Dr.-Ing. Kurt Lange, Dipl.-Ing. Helmut Meinert, unter Mitarbeit von Dr.-Ing. Heinz Arend, Institut für Werkzeugmaschinen und Umformtechnik der Technischen Hochschule Hannover
Verschleißverhalten hartverchromter Schmiedegesenke
1956. 62 Seiten, 53 Abb., 6 Tabellen. DM 17,65

HEFT 321
Prof. Dr. phil. Franz Wever und
Dr. phil. Wolfgang Wepner, Max-Planck-Institut für Eisenforschung, Düsseldorf
Gleichzeitige Bestimmung kleiner Kohlenstoff- und Stickstoffgehalte im α-Eisen durch Dämpfungsmessung
1956. 17 Seiten, 4 Abb., 3 Tabellen. DM 6,80

HEFT 322
Prof. Dr.-Ing. Franz Bollenrath und
Dipl.-Ing. Wilhelm Domke, Aachen
Eigenspannungen in vergüteten, dickwandigen Stahlzylindern nach Oberflächenhärtung mit induktiver Erwärmung
1956. 17 Seiten, 9 Abb., 2 Tabellen. DM 6,90

HEFT 360
Dr.-Ing. Eginhard Barz, Remscheid
Fertigungsverfahren und Spannungsverlauf bei Kreissägeblättern für Holz
1957. 68 Seiten, 40 Abb., DM 17,—

HEFT 367
Dr. rer. nat. Dietrich Horstmann, Max-Planck-Institut für Eisenforschung und Gemeinschaftsausschuß Verzinken, Düsseldorf
Der Angriff eisengesättigter Zinkschmelzen auf kohlenstoff-, schwefel- und phosphorhaltiges Eisen
1957. 42 Seiten, 22 Abb., 6 Tabellen. DM 12,85

HEFT 375
Technischer Überwachungs-Verein e. V., Essen
Wanddickenmessungen mittels radioaktiver Strahlen und Zählrohrgerät
1958. 24 Seiten, 15 Abb. DM 9,55

HEFT 376
Technischer Überwachungs-Verein e. V., Essen
Wasserumlaufprobleme an Hochdruckkesseln
1958. 126 Seiten, 56 Abb., 8 Tabellen. DM 32,60

HEFT 377
Technischer Überwachungs-Verein e. V., Essen
Versuche an Wanderrostkesseln mit befeuchteter Verbrennungsluft
1958. 35 Seiten, 19 Abb., 2 Tabellen. DM 12,20

HEFT 395
Dipl.-Ing. Ludwig Hahn, Clausthal-Zellerfeld
Untersuchungen zur Frage des optimalen Bohrloch- und Patronendurchmessers
1957. 119 Seiten, 49 Abb., 19 Tabellen. DM 31,25

HEFT 445
Dr. Ing. Eginhard Barz, Remscheid
Fertigungs- und Prüfverfahren für Feilen
Vergriffen

HEFT 447
Prof. Dr.-Ing. Franz Bollenrath, Aachen
Dr.-Ing. H. Füllenbach, Seesen und
Dipl.-Ing. J. Schumacher
Entwicklung rationell arbeitender Spritzkabinen
1958. 44 Seiten, 26 Abb. Vergriffen

HEFT 473
Prof. Dr. phil. Franz Wever, Dr.-Ing. Werner Lueg und Dipl.-Ing. Paul Funke jr., Max-Planck-Institut für Eisenforschung, Düsseldorf
Versuche an einer hydraulischen 25-t-Stangenziehbank
1957. 22 Seiten, 11 Abb. DM 8,95

HEFT 557
Dr.-Ing. Hans Schiffers, Dipl.-Ing. Dieter Ammann, Dipl.-Ing. Erich Brugger und Dipl.-Ing. Rudolf Dicke, Gießerei-Institut der Rhein.-Westf. Technischen Hochschule Aachen
Härtbarkeit von Gußeisen mit Lamellen- und Kugelgraphit in Abhängigkeit von Zusammensetzung und Gefüge
1958. 29 Seiten, 24 Abb., 1 Tabelle. DM 11,—

HEFT 630
Prof. Dr. phil. Walter Koch und
Dr. techn. Dipl.-Ing. Hanns Malissa, Max-Planck-Institut für Eisenforschung, Düsseldorf
Beiträge zur Spurenanalyse im Reinsteisen
1958. 25 Seiten, 8 Tabellen. DM 7,60

HEFT 639
Prof. Dr.-Ing. habil. Karl Krekeler,
Dr.-Ing. Heinz Peukert und Dipl.-Ing. Otto Schwarz, Institut für Kunststoffverarbeitung an der Rhein.-Westf. Technischen Hochschule Aachen
Auswertung der in- und ausländischen Literatur auf dem Gebiete des Metallklebens
1958. 152 Seiten. Vergriffen

HEFT 655
Dr. rer. pol. A. Theodor Wuppermann,
Prof. Dr.-Ing. M. Pfender und
Reg.-Rat Dipl.-Ing. E. Amedick, Im Auftrage des Vereins Deutscher Eisenhüttenleute, Düsseldorf
Untersuchung des Einflusses von Oberflächenfehlern auf die Dauerhaltbarkeit von Kurbelwellen
1958. 48 Seiten, 101 Abb., 4 Tabellen. DM 10,—

HEFT 680
Prof. Dr. phil. Walter Koch,
Dr.-Ing. Angelika Schrader,
Dr.-Ing. habil. Alfred Krisch und
Dipl.-Phys. Helmut Rohde, Max-Planck-Institut für Eisenforschung, Düsseldorf
Änderungen im Gefügeaufbau austenitischer Chrom-Nickel-Stähle bei Zeitstandversuchen von mehrjähriger Dauer
1959. 37 Seiten, 23 Abb., 5 Tabellen. DM 12,20

HEFT 681
Prof. Dr.-Ing. Dr.-Ing. E. h. Hermann Schenk und Dr.-Ing. Werner Wenzel, Institut für Eisenhüttenwesen der Rhein.-Westf. Technischen Hochschule Aachen
Die Reduktion von Eisenerzen im Elektro-Fließbett
1959. 76 Seiten, 20 Abb., 12 Tabellen. DM 19,60

HEFT 693
Prof. Dr.-Ing. Otto Kienzle,
Dr.-Ing. Friedrich Wilhelm Timmerbeil und
Dr.-Ing. Thomas Jordan, Hannover
Einige Untersuchungen über das Schneiden von Blechen
1959. 55 Seiten, 54 Abb., 3 Tabellen. DM 17,40

HEFT 702
Prof. Dr. phil. Walter Koch und
Dipl.-Phys. Dr. rer. nat. Hans Lüdering, Max-Planck-Institut für Eisenforschung, Düsseldorf
Statistische Auswertung von Thomasroheisenproben guter und schlechter Verblasbarkeit
1959. 20 Seiten, 3 Abb., 3 Tabellen. DM 6,50

HEFT 703
Prof. Dr. phil. Walter Koch und
Dipl.-Phys. Dr. phil. Heinz Sundermann, Max-Planck-Institut für Eisenforschung, Düsseldorf
Isolierungstechnische Untersuchungen an Thomasroheisen
1959. 28 Seiten, 16 Abb., 1 Tabelle. DM 9,—

HEFT 705
Dr.-Ing. Karl Ernst Mayer, Dr.-Ing. Helmut Knüppel, Ing. Arthur Stumpf, Dortmund-Hörder-Hüttenunion AG., Dortmund, und Prof. Dr. phil. Walter Koch, Max-Planck-Institut für Eisenforschung, Düsseldorf
Wege zur automatischen Überwachung des Thomasverfahrens
1959. 56 Seiten, 20 Abb., 7 Tabellen. DM 14,80

HEFT 714
Prof. Dr.-Ing. Wilhelm Patterson, Gießerei-Institut der Rhein.-Westf. Technischen Hochschule Aachen
Wirkung einer Gasspülung auf den Magnesiumverbrauch bei der Herstellung von Gußeisen mit Kugelgraphit
1959. 44 Seiten, 35 Abb., 14 Tabellen. DM 13,40

HEFT 728
Dr.-Ing. Klaus Spies, Dortmund
Die Zwischenformen beim Gesenkschmieden und ihre Herstellung durch Formwalzen
1959. 113 Seiten, 61 Abb., 2 Tabellen. DM 29,60

HEFT 740
Dr. rer. nat. Dietrich Horstmann, Max-Planck-Institut für Eisenforschung und Gemeinschaftsausschuß Verzinken, Düsseldorf
Einfluß einiger Eisen- und Zinkbegleiter auf Größe und Art des Zinkangriffs auf Eisen
1959. 38 Seiten, 22 Abb., 1 Tabelle. DM 12,60

HEFT 741
Dipl.-Ing. Hans Stüdemann, Dipl.-Ing. Fritz Esselborn und Ing. Hermann Hartmann, Forschungsinstitut an der Fachschule für Metallgestaltung und Metalltechnik, Solingen
Untersuchungen zur Prüfung der Korrosionsbeständigkeit rostbeständiger Besteckbleche aus Chromstahl
1959. 31 Seiten, 30 Abb., 4 Tabellen. DM 10,30

HEFT 742
Dr.-Ing. Eginhard Barz, Verein zur Förderung von Forschungs- und Entwicklungsarbeiten in der Werkzeugindustrie e. V., Remscheid
Schneideigenschaften von schneidenden Zangen und Prüfverfahren
1959. 66 Seiten, 40 Abb., 4 Tabellen. DM 18,40

HEFT 757
Dr.-Ing. Angelika Schrader und
Dr.-Ing. habil. Alfred Krisch, Max-Planck-Institut für Eisenforschung, Düsseldorf
Mikroskopische Beobachtungen von Ausscheidungen in austenitischen und ferritischen Stählen nach dem Kriechversuch
1959. 21 Seiten, 22 Abb., 1 Tabelle. DM 8,60

HEFT 780
Prof. Dr. phil. Franz Wever, Dr.-Ing. Werner Lueg und Dr.-Ing. Paul Funke, Max-Planck-Institut für Eisenforschung, Düsseldorf
Untersuchung von Walzölen und Walzölemulsionen im Kaltwalzversuch
1959. 68 Seiten, 28 Abb., mehr. Tabellen. DM 18,50

HEFT 781
Verein zur Förderung von Forschungs- und Entwicklungsarbeiten in der Werkzeugindustrie e. V., Remscheid
Verformungseinflüsse bei der Feilenherstellung
1959. 65 Seiten, 39 Abb. DM 20,—

HEFT 840
Prof. Dr. phil. Franz Wever,
Dr.-Ing. Hans-Günter Müller und
Dr.-Ing. Paul Funke, Max-Planck-Institut für Eisenforschung, Düsseldorf
Versuchsmäßige und rechnerische Bestimmung von Walzkraft und Drehmoment unter Einwirkung von Bandzugspannungen beim Kaltwalzen von Bandstahl
1960. 36 Seiten, 12 Abb., 3 Tafeln. DM 10,90

HEFT 841
Dr. rer. nat. Hubert Blanck, Max-Planck-Institut für Eisenforschung, Düsseldorf
Untersuchungen zur Kinetik des Martensitzerfalls
1960. 33 Seiten, 11 Abb., kart. DM 10,30

HEFT 848
Dipl.-Ing. Hans-Jochen Stöter, Institut für Werkzeugmaschinen und Umformtechnik der Technischen Hochschule Hannover
Untersuchung des Schmiedevorganges in Hammer und Presse, insbesondere hinsichtlich des Steigens
1960. 133 Seiten, 62 Abb., 8 Tabellen. DM 35,60

HEFT 889
Dr.-Ing. Werner Hufschmidt, Lehrstuhl für Heizung und Lüftung an der Rhein.-Westf. Technischen Hochschule Aachen
Die Eigenschaften von Rippenrohrluftkühlern im Arbeitsbereich der Klimaanlage
1960. 125 Seiten, 37 Abb. DM 33,30

HEFT 890
Dr.-Ing. Heinz Meyer, Institut für Werkzeugmaschinen und Umformtechnik, Technische Hochschule Hannover
Untersuchungen über den Umformvorgang in Waagerecht-Stauchmaschinen
1960. 75 Seiten, 61 Abb., 3 Tabellen. DM 21,90

HEFT 916
Dipl.-Ing. Hans-Joachim Crasemann, Forschungsstelle Blechbearbeitung am Institut für Werkzeugmaschinen und Umformtechnik der Technischen Hochschule Hannover
Direktor: Prof. Dr.-Ing. Dr.-Ing. E. h. Otto Kienzle
Der offene, kreuzende Scherschnitt an Blechen
1960. 138 Seiten, 66 Abb., 10 Tabellen. DM 40,70

HEFT 1000
Dipl.-Ing. Hartmut Tolkien, Institut für Werkzeugmaschinen und Umformtechnik der Technischen Hochschule Hannover
Direktor: Prof. Dr.-Ing. Dr.-Ing. E. h. Otto Kienzle
Schmierwirkungen in Schmiedegesenken
1961. 150 Seiten, 75 Abb., 2 Tabellen, 1 Anhang. DM 44,90

HEFT 1004
Dr.-Ing. Eginhard Barz, Verein zur Förderung von Forschungs- und Entwicklungsarbeiten in der Werkzeugindustrie e. V., Remscheid
Untersuchung von Schraubendrehern und Schraubenverbindungen
1961. 68 Seiten, 26 Abb., 12 Tabellen. DM 22,30

HEFT 1027
Dr.-Ing. Eginhard Barz, Verein zur Förderung von Forschungs- und Entwicklungsarbeiten in der Werkzeugindustrie e. V., Remscheid
Prüfung von Feilen
1961. 57 Seiten, 23 Abb., 7 Tabellen. DM 20,50

HEFT 1028
Dr.-Ing. Siegfried Stendorf, Verein zur Förderung von Forschungs- und Entwicklungsarbeiten in der Werkzeugindustrie e. V., Remscheid
Das Gleitstauchen von Schneidezähnen an Sägen für Holz
1961. 138 Seiten, 85 Abb., 9 Tabellen. DM 47,10

HEFT 1056
Dr.-Ing. Oskar Pawelski und Dr.-Ing. Werner Lueg †, Max-Planck-Institut für Eisenforschung, Düsseldorf
Der Spannungszustand beim Ziehen und Einstoßen von runden Stangen
1962. 106 Seiten, 35 Abb., 10 Tabellen. DM 33,60

HEFT 1089
Direktor Dipl.-Ing. Hans Stüdemann und Dr.-Ing. Fritz Esselborn, Forschungsinstitut an der Fachschule für Metallgestaltung und Metalltechnik, Solingen
Untersuchungen über den Einfluß der Zusammensetzung und Gefügeausbildung auf das Härtungsverhalten des Stahles X 40 Cr 13
1962. 37 Seiten, 37 Abb., 8 Tabellen. DM 17,—

HEFT 1091
Dipl.-Ing. Kurt Buchmann, Forschungsgesellschaft Blechverarbeitung e. V., Düsseldorf
Beitrag zur Verschleißbeurteilung beim Schneiden von Stahlfeinblechen
1962. 126 Seiten, 77 Abb. DM 71,40

HEFT 1129
Prof. Dr.-Ing. Joseph Mathieu, Forschungsinstitut für Rationalisierung an der Rhein.-Westf. Technischen Hochschule, Aachen, im Auftrage des Fachverbandes Gesenkschmieden im Wirtschaftsverband Stahlverformung, Hagen
Richtwerte für eine Platzkostenrechnung in der Gesenkschmiedeindustrie
1963. 54 Seiten, 7 Tabellen, 52 Seiten tabellarischer Anhang. DM 63,30

HEFT 1140
Direktor Dipl.-Ing. Hans Stüdemann und Dipl.-Ing. Fritz Esselborn, Forschungsinstitut an der Fachschule für Metallgestaltung und Metalltechnik, Solingen
Einflüsse der Prüfbedingungen auf die Ergebnisse von Schneideigenschaftsprüfungen an Messern
1962. 33 Seiten, 24 Abb. DM 14,80

HEFT 1162
Prof. Dr.-Ing. Dr.-Ing. E. h. Otto Kienzle und Dipl.-Ing. Manfred Meyer, im Auftrage der Forschungsgesellschaft Blechverarbeitung e.V., Düsseldorf
Verfahren zur Erzielung glatter Schnittflächen beim vollkantigen Schneiden von Blech
1963. 114 Seiten, 71 Abb., 6 Tabellen. DM 60,40

HEFT 1164
Dr.-Ing. Eginhard Barz u. a., Verein zur Förderung von Forschungs- und Entwicklungsarbeiten in der Werkzeugindustrie e.V., Remscheid
Teil I: Arbeitsverhalten von scheibenförmigen Werkzeugen
Teil II: Schnittversuche von verleimten Holzwerkzeugen
1963. 90 Seiten, 16 Abb., 6 Tabellen. DM 44,80

HEFT 1171
Prof. Dr.-Ing., Dr.-Ing E. h. Otto Kienzle und Dipl.-Ing. Kurt Haverbeck, Hannover, im Auftrage der Forschungsgesellschaft Blechverarbeitung e.V., Düsseldorf
Das Herstellen von Außenborden an Blechteilen zwischen Stempel und Ring
1963. 96 Seiten, 58 Abb. DM 54,50

HEFT 1347
Dr. rer. nat. Dietrich Horstmann, Max-Planck-Institut für Eisenforschung und Gemeinschaftsausschuß Verzinken, Düsseldorf
Allgemeine Gesetzmäßigkeiten des Einflusses von Eisenbegleitern auf die Vorgänge beim Feuerverzinken

HEFT 1348
Prof. Dr.-Ing. Dr. h. c. Herwart Opitz, Dr.-Ing. Wilfried König und Dipl.-Ing. D. Neumann Laboratorium für Werkzeugmaschinen und Betriebslehre der Rhein.-Westf. Technischen Hochschule Aachen
Einfluß verschiedener Schmelzen auf die Zerspanbarkeit von Gesenkschmiedestücken
In Vorbereitung

HEFT 1349
Dr.-Ing. Tin Ming Wu, Forschungsstelle Gesenkschmieden an der Technischen Hochschule Hannover
Untersuchungen über das Auftragsschweißen von Gesenken für Schmiedestücke aus Stahl
In Vorbereitung

HEFT 1350
Prof. Dr. phil. Karl Löhberg, Dipl.-Ing. Klaus Röhrig und Dr.-Ing. Peter Sahm, Institut für Gießereikunde der Technischen Universität, Berlin
Über die Keimbildung in unlegiertem Kupfer und unlegiertem Eisen
In Vorbereitung

HEFT 1352
Direktor Dipl.-Ing. Hans Stüdemann und Dr.-Ing. Fritz Esselborn, Forschungsinstitut an der Fachschule für Metallgestaltung und Metalltechnik, Solingen
Die Ergebnisse von Schneideigenschaftsprüfungen an Messern unter Berücksichtigung des Einflusses der geometrischen Form des Messers und des Einflusses der Karbidverteilung und -größe im Werkstoff
In Vorbereitung

HEFT 1353
Direktor Dipl.-Ing. Hans Stüdemann und Dr.-Ing. Fritz Esselborn, Forschungsinstitut an der Fachschule für Metallgestaltung und Metalltechnik, Solingen
Untersuchungen über den Einfluß unterschiedlicher Herstellungsverfahren auf die Qualität rostbeständiger Messer

HEFT 1354
Direktor Dipl.-Ing. Hans Stüdemann und Dr.-Ing. Fritz Esselborn, Forschungsinstitut an der Fachschule für Metallgestaltung und Metalltechnik, Solingen
Untersuchungen über den Einfluß der Wärmebehandlung in Zusammenhang mit unterschiedlicher Herstellung auf die Eigenschaften von rostbeständigen Messern

HEFT 1355
Dr.-Ing. habil. Alfred Krisch, Max-Planck-Institut für Eisenforschung, Düsseldorf
Kriechverhalten, Gefügeänderungen und Risse bei mehrjährigen Zeitstandversuchen

HEFT 1381
Dr.-Ing. Heinz Meyer-Nolkemper, Forschungsstelle Gesenkschmieden an der Technischen Hochschule Hannover
Im Auftrag des Fachverbandes Gesenkschmieden im Wirtschaftsverband Stahlverformung, Hagen
Dornen in Waagerecht-Stauchmaschinen
In Vorbereitung

HEFT 1413
Dr. rer. nat. Dietrich Horstmann und Dipl.-Ing. Ulrich Krause, Max-Planck-Institut für Eisenforschung und Gemeinschaftsausschuß Verzinken, Düsseldorf
Einfluß von Oberflächenrauhheit und Glühbehandlung auf die Güte verzinkter Bleche
In Vorbereitung

HEFT 1421
Dr.-Ing. H. Füllenbach, H. Lange, H. Parthey und I. N. Stanski, Forschungsgesellschaft Blechverarbeitung e. V., Düsseldorf
Metallurgische und technologische Untersuchungen an Weichloten
In Vorbereitung

Verzeichnisse der Forschungsberichte aus folgenden Gebieten können beim Verlag angefordert werden: Acetylen/Schweißtechnik – Arbeitswissenschaft – Bau/Steine/Erden – Bergbau – Biologie – Chemie – Eisenverarbeitende Industrie – Elektrotechnik/Optik – Energiewirtschaft – Fahrzeugbau/Gasmotoren – Farbe/Papier/Photographie – Fertigung – Funktechnik/Astronomie – Gaswirtschaft – Holzbearbeitung – Hüttenwesen/Werkstoffkunde – Kunststoffe – Luftfahrt/Flugwissenschaften – Luftreinhaltung – Maschinenbau – Mathematik – Medizin/Pharmakologie/NE-Metalle – Physik – Rationalisierung – Schall/Ultraschall – Schiffahrt – Textiltechnik/Faserforschung/Wäschereiforschung – Turbinen – Verkehr – Wirtschaftswissenschaft

WESTDEUTSCHER VERLAG · KÖLN UND OPLADEN
567 Opladen/Rhld., Ophovener Straße 1–3

MIX
Papier aus verantwortungsvollen Quellen
Paper from responsible sources
FSC® C105338

If you have any concerns about our products,
you can contact us on
ProductSafety@springernature.com

In case Publisher is established outside the EU,
the EU authorized representative is:
**Springer Nature Customer Service Center GmbH
Europaplatz 3, 69115 Heidelberg, Germany**

Printed by Libri Plureos GmbH
in Hamburg, Germany